CorelDRAW X4

【中文版】基础教程

老虎工作室

郭万军 盛洁 李辉 编著

人民邮电出版社

北京

图书在版编目（CIP）数据

CorelDRAW X4中文版基础教程 / 郭万军，盛洁，李辉编著. -- 北京：人民邮电出版社，2010.8
ISBN 978-7-115-22667-9

Ⅰ. ①C… Ⅱ. ①郭… ②盛… ③李… Ⅲ. ①图形软件，CorelDRAW X4—教材 Ⅳ. ①TP391.41

中国版本图书馆CIP数据核字(2010)第086915号

内 容 提 要

本书以介绍实际工作中常见的平面设计作品为主线，重点讲解 CorelDRAW X4 在平面设计领域的使用方法和操作技巧，具有很强的实用性。全书共分 10 章，包括软件的基本操作、工具按钮的应用、菜单命令讲解及标志设计，制作宣传单发排稿，企业 VI 设计，网络插画绘制，居室平面图绘制，圣诞贺卡设计，报纸广告设计，海报设计，包装设计及产品造型绘制等。各章内容都以实例操作为主，全部操作实例都有详尽的操作步骤，突出对读者实际操作能力的培养。

本书适合于初学者以及在软件应用方面有一定基础的读者，也适合于想从事图案设计、地毯设计、服装效果图绘制、平面广告设计、工业设计、CIS 企业形象策划、产品包装设计、网页制作、室内外建筑效果图绘制、印刷制版等行业的工作人员以及电脑美术爱好者阅读，同时还可供相关培训学校和高等美术院校相关专业师生作为培训教材和参考书。

CorelDRAW X4 中文版基础教程

- ◆ 编　著　老虎工作室　郭万军　盛　洁　李　辉
　　责任编辑　李永涛
- ◆ 人民邮电出版社出版发行　　北京市崇文区夕照寺街 14 号
　　邮编　100061　　电子函件　315@ptpress.com.cn
　　网址　http://www.ptpress.com.cn
　　三河市潮河印业有限公司印刷
- ◆ 开本：787×1092　1/16
　　印张：19
　　字数：467 千字　　　　　　　2010 年 8 月第 1 版
　　印数：1 – 4 000 册　　　　　2010 年 8 月河北第 1 次印刷

ISBN 978-7-115-22667-9

定价：39.00 元（附光盘）

读者服务热线：(010)67132692　印装质量热线：(010)67129223
反盗版热线：(010)67171154

老虎工作室

主　编：沈精虎

编　委：许曰滨　黄业清　姜　勇　宋一兵　高长铎
　　　　田博文　谭雪松　向先波　毕丽蕴　郭万军
　　　　宋雪岩　詹　翔　周　锦　冯　辉　王海英
　　　　蔡汉明　李　仲　赵治国　赵　晶　张　伟
　　　　朱　凯　臧乐善　郭英文　计晓明　孙　业
　　　　滕　玲　张艳花　董彩霞　郝庆文　田晓芳

CorelDRAW 是集矢量图形绘制、印刷排版和文字编辑处理于一体的平面设计软件。本书以基本功能介绍结合典型实例制作的形式，讲解 CorelDRAW X4 的使用方法和应用技巧。

内容和特点

本书针对初学者的实际情况，以介绍实际工作中常见的平面设计作品为主线，深入浅出地讲述 CorelDRAW X4 的基本功能和使用方法。在讲解基本功能时，对常用的功能选项和参数设置进行了详细介绍，之后安排了一些典型的实例制作，使读者达到融会贯通、学以致用的目的。为了使读者加深对所学内容的印象以及提高自己的动手操作能力，在每一章的最后都给出了拓展案例和本章小结。

在范例制作过程中，都给出了详细的操作步骤，读者只要根据提示一步步操作，就可完成每个实例的制作，同时轻松地掌握 CorelDRAW X4 的使用方法。

本书分为 10 章，各章内容简要介绍如下。

- 第 1 章：基础入门——设计标志。
- 第 2 章：基本操作——制作宣传单发排稿。
- 第 3 章：绘图工具——企业 VI 设计。
- 第 4 章：手绘工具——绘制网络插画。
- 第 5 章：编辑工具——绘制居室平面图。
- 第 6 章：填充工具——圣诞贺卡设计。
- 第 7 章：文字工具——设计报纸广告。
- 第 8 章：效果工具——设计海报。
- 第 9 章：常用菜单命令——包装设计。
- 第 10 章：位图特效——绘制产品造型。

读者对象

本书适合于初学者以及在软件应用方面有一定基础并渴望提高的读者，也适合从事图案设计、地毯设计、服装效果图绘制、平面广告设计、工业设计、CIS 企业形象策划、产品包装设计、网页制作、室内外建筑效果图绘制、印刷制版等行业的工作人员以及电脑美术爱好者阅读，同时还可作为 CorelDRAW 培训教材以及高等院校师生的参考资料和自学教材。

附盘内容及用法

为了方便读者的学习，本书配有一张光盘，主要内容如下。

1. "图库"目录

该目录下包含"第01章"～"第04章"和"第06章"～"第10章"，共9个子目录，分别存放各章实例制作过程中用到的原始素材。

2. "作品"目录

该目录下包含"第01章"～"第10章"共10个子目录，分别存放第1章～第10章实例制作的最终效果。读者在制作完范例后，可以与这些效果进行对照，查看自己所做的是否正确。

3. "avi"目录

该目录下包含10个子目录，分别存放本书对应章节中部分教程和课后作业案例的动画演示文件。读者如果在制作范例时遇到困难，可以参照这些演示文件进行对比学习。

注意：播放动画演示文件前要安装光盘根目录下的"tscc.exe"插件。

4. PPT文件

本书提供了PPT文件，以供教师上课使用。

感谢您选择了本书，希望本书能对您的工作和学习有所帮助，也欢迎您把对本书的意见和建议告诉我们。

老虎工作室网站 http://www.laohu.net，电子函件 postmaster@laohu.net。

老虎工作室

2010 年 5 月

目 录

第1章 基础入门——设计标志

利用 Corel 公司推出的 CorelDRAW 软件，无论是绘制简单的图形还是进行复杂的设计，都能使用户得心应手。

CorelDRAW X4 版本功能更加强大、操作更为灵活。本章先来介绍学习该软件时涉及的一些基本概念及 CorelDRAW X4 的软件窗口和简单操作等。

【学习目标】
- 掌握平面设计的基本概念。
- 了解平面设计的常用文件格式。
- 了解 CorelDRAW X4 的应用领域。
- 熟悉 CorelDRAW X4 的工作界面。
- 熟悉工具按钮及调色板。
- 掌握图形的填色方法。
- 熟悉利用 CorelDRAW X4 进行工作的方法。

1.1 基本概念学习

学习并掌握平面设计中的基本概念是应用好 CorelDRAW 软件的关键，也是深刻理解该软件性质和功能的重要前提。本节首先来讲解这些基本概念。

1.1.1 矢量图和位图

矢量图和位图，是根据运用软件以及最终存储方式的不同而生成的两种不同的文件类型。在图像处理过程中，分清矢量图和位图的不同性质是非常必要的。

一、 矢量图

矢量图，又称向量图，是由线条和图块组成的图像。将矢量图放大后，图形仍能保持原来的清晰度，且色彩不失真，如图 1-1 所示。

图1-1 矢量图小图和放大后的显示对比效果

矢量图的特点如下。

- 文件小：由于图像中保存的是线条和图块的信息，所以矢量图形与分辨率和图像大小无关，只与图像的复杂程度有关，简单图像所占的存储空间小。
- 图像大小可以无级缩放：在对图形进行缩放、旋转或变形操作时，图形仍具有很高的显示和印刷质量，且不会产生锯齿模糊效果。
- 可采取高分辨率印刷：矢量图形文件可以在任何输出设备上以输出设备的最高分辨率输出。

在平面设计方面，制作矢量图的软件主要有 CorelDRAW、Illustrator、InDesign、FreeHand、PageMaker 等，用户可以用它们对图形和文字等进行处理。

二、 位图

位图，也叫光栅图，是由很多个像小方块一样的颜色网格（即像素）组成的图像。位图中的像素由其位置值与颜色值表示，也就是将不同位置上的像素设置成不同的颜色，即组成了一幅图像。位图图像放大到一定的倍数后，看到的便是一个个方形的色块，整体图像也会变得模糊、粗糙，如图 1-2 所示。

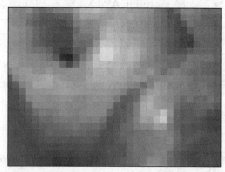

图1-2　位图图像小图与放大后的显示对比效果

位图具有以下特点。

- 文件所占的空间大：用位图存储高分辨率的彩色图像需要较大储存空间，因为像素之间相互独立，所以占的硬盘空间、内存和显存都比较大。
- 会产生锯齿：位图是由最小的色彩单位"像素"组成的，所以位图的清晰度与像素的多少有关。位图放大到一定的倍数后，看到的便是一个个的像素，即一个个方形的色块，整体图像便会变得模糊且会产生锯齿。
- 位图图像在表现色彩、色调方面的效果比矢量图更加优越，尤其是在表现图像的阴影和色彩的细微变化方面效果更佳。

在平面设计方面，制作位图的软件主要是 Adobe 公司推出的 Photoshop，该软件可以说是目前平面设计中图形图像处理的首选软件。

1.1.2　常用文件格式

CorelDRAW 是功能非常强大的矢量图软件，它支持的文件格式也非常多。了解各种文件格式对进行图像编辑、保存以及文件转换有很大的帮助。下面来介绍平面设计软件中常用的几种图形图像文件格式。

- CDR 格式：此格式是 CorelDRAW 专用的矢量图格式，它将图片按照数学方式来计算，以矩形、线、文本、弧形和椭圆等形式表现出来，并以逐点的形式映射到页面上。因此在缩小或放大矢量图形时，原始数据不会发生变化。
- AI 格式：此格式也是一种矢量图格式，在 Illustrator 中经常用到。在 Photoshop 中可以将保存了路径的图像文件输出为 "*.ai" 格式，然后在 Illustrator 和 CorelDRAW 中直接打开它并进行修改处理。
- BMP 格式：此格式是微软公司软件的专用格式，也是最常用的位图格式之一，支持 RGB、索引颜色、灰度和位图颜色模式的图像，但不支持 Alpha 通道。
- EPS 格式：此格式是一种跨平台的通用格式，可以说几乎所有的图形图像和页面排版软件都支持该格式。它可以保存路径信息，并在各软件之间进行相互转换。另外，这种格式在保存时可选用 JPEG 编码方式压缩，不过这种压缩会破坏图像的外观质量。
- GIF 格式：此格式是由 CompuServe 公司制定的，能存储背景透明化的图像格式，但只能处理 256 种颜色。常用于网络传输，其传输速度要比传输其他格式的文件快很多。并且可以将多张图像存成一个文件而形成动画效果。
- JPEG 格式：此格式是较常用的图像格式，支持真彩色、CMYK、RGB 和灰度颜色模式，但不支持 Alpha 通道。JPEG 格式可用于 Windows 和 Mac 平台，是所有压缩格式中最卓越的。虽然它是一种有损失的压缩格式，但在文件压缩前，可以在弹出的对话框中设置压缩的大小，这样就可以有效地控制压缩时损失的数据量。JPEG 格式也是目前网络可以支持的图像文件格式之一。
- PNG 格式：此格式是 Adobe 公司针对网络图像开发的文件格式。这种格式可以使用无损压缩方式压缩图像文件，并利用 Alpha 通道制作透明背景，是功能非常强大的网络文件格式，但较早版本的 Web 浏览器可能不支持。
- PSD 格式：此格式是 Photoshop 的专用格式。它能保存图像数据的每一个细节，包括图像的层、通道等信息，确保各层之间相互独立，便于以后进行修改。PSD 格式的文件还可以另存为 RGB 或 CMYK 等颜色模式的文件，但惟一的缺点是保存的文件比较大。
- TIFF 格式：此格式是一种灵活的位图图像格式。TIFF 格式可支持 24 个通道，是除了 Photoshop 自身格式外惟一能存储多个通道的文件格式。

1.2 认识 CorelDRAW X4

CorelDRAW X4 是基于矢量图进行操作的设计软件，具有专业的设计工具，可以导入由 Office、Photoshop、Illustrator 以及 AutoCAD 等软件输入的文字和绘制的图形，并能对其进行处理，最大程度地方便了用户的编辑和使用。此软件的推出，不但让设计师可以快速地制作出设计方案，而且还可以创造出很多手工无法表现只有电脑才能精彩表现的设计内容，是平面设计师的得力助手。

CorelDRAW X4 的应用范围非常广泛，从简单的几何图形绘制到标志、卡通、漫画、图案、各类效果图及专业平面作品的设计，都可以利用该软件快速高效地绘制出来。主要应用于平面广告设计、工业设计、企业形象 CIS 设计、产品包装设计、产品造型设计、网页设计、商业插画、建筑施工图与各类效果图绘制、纺织品设计及印刷制版等领域。

1.2.1　CorelDRAW X4 的启动与退出

首先来看一下 CorelDRAW X4 软件的启动与退出操作。

一、　启动 CorelDRAW X4

若计算机中已安装了 CorelDRAW X4，单击 Windows 桌面左下角任务栏中的 开始 按钮，在弹出的菜单中执行【所有程序】/【CorelDRAW Graphics Suite X4】/【CorelDRAW X4】命令，即可启动该软件。

启动 CorelDRAW X4 中文版软件后，界面中将显示如图 1-3 所示的【欢迎屏幕】窗口。在此窗口中，读者可以根据需要选择不同的标签选项。单击右上角的【新建空白文档】选项，即可进入 CorelDRAW X4 的工作界面并新建一个图形文件。

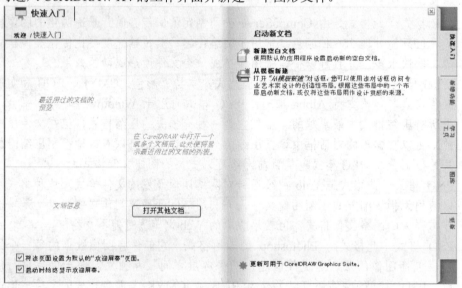

图1-3　【欢迎屏幕】窗口

【欢迎屏幕】窗口可以使用户快速完成日常工作中的常见任务。
- 在【快速入门】选项卡中可以新建文件、打开文件或从模板新建文件。
- 单击右侧的【新增功能】选项卡，可在弹出的窗口中了解 CorelDRAW Graphics Suite X4 中的新功能。
- 单击【学习工具】选项卡，可在弹出的窗口中访问 CorelDRAW 的视频教程，学习一些专家见解及【提示】面板的使用与操作技巧等。
- 单击【图库】选项卡，可在弹出的窗口中欣赏到一些比较不错的作品，通过页面中的图形以获得设计灵感。
- 单击【更新】选项卡，可在弹出的窗口中获得最新的产品更新。

除了使用上面的方法外，启动 CorelDRAW X4 的方法还有以下两种。
(1)　如桌面上有 CorelDRAW X4 软件的快捷方式图标 ，可双击该图标。
(2)　双击计算机中保存的"*.cdr"格式的文件。

二、　退出 CorelDRAW X4

单击 CorelDRAW X4 界面窗口右侧的【关闭】按钮 ，即可退出 CorelDRAW X4。

执行【文件】/【退出】命令或按 Ctrl+Q 键、Alt+F4 键也可以退出 CorelDRAW X4。

退出软件时，系统会关闭所有的文件，如果打开的文件编辑后或新建的文件没保存，系统会给出提示，让用户决定是否保存。

1.2.2　CorelDRAW X4 的工作界面

启动 CorelDRAW X4 并新建空白文档后，即可进入 CorelDRAW X4 的工作界面，如图 1-4 所示。

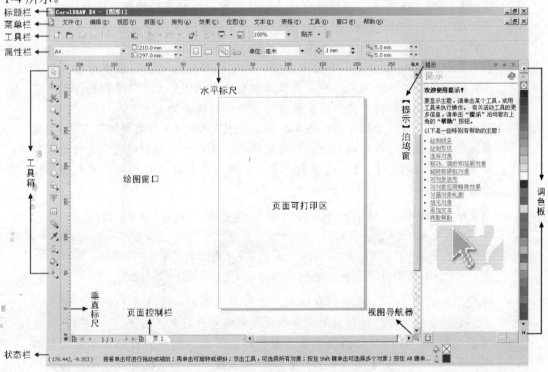

图1-4　界面窗口布局

CorelDRAW X4 界面窗口按其功能可分为标题栏、菜单栏、工具栏、属性栏、工具箱、状态栏、页面控制栏、调色板、泊坞窗、标尺、视图导航器、页面可打印区及绘图窗口等几部分，下面介绍各部分的功能和作用。

- 标题栏：标题栏的默认位置位于界面的最顶端，主要显示当前软件的名称、版本号以及编辑或处理图形文件的名称，其右侧有 3 个按钮，主要用来控制工作界面的大小切换及关闭操作。
- 菜单栏：菜单栏位于标题栏的下方，包括文件、编辑、视图以及窗口的设置和帮助等命令，每个菜单下又有若干个子菜单，打开任意子菜单可以执行相应的操作命令。
- 工具栏：工具栏位于菜单栏的下方，是菜单栏中常用菜单命令的快捷工具按钮。单击这些按钮，就可执行相应的菜单命令。

- 属性栏：属性栏位于工具栏的下方，是一个上下相关的命令栏，选择不同的工具按钮或对象，将显示不同的图标按钮和属性设置选项，具体内容详见各工具按钮的属性讲解。
- 工具箱：工具箱位于工作界面的最左侧，它是 CorelDRAW 常用工具的集合，包括各种绘图工具、编辑工具、文字工具和效果工具等。单击任一按钮，可选择相应的工具进行操作。
- 状态栏：状态栏位于工作界面的最底部，提示当前鼠标光标所在的位置及图形操作的简单帮助和对象的有关信息等。在状态栏中单击鼠标右键，然后在弹出的右键菜单中执行【自定义】/【状态栏】/【位置】命令或【自定义】/【状态栏】/【大小】命令，可以设置状态栏的位置以及状态栏的信息显示行数。
- 页面控制栏：页面控制栏位于状态栏的上方左侧位置，用来控制当前文件的页面添加、删除、切换方向和跳页等操作。
- 调色板：调色板位于工作界面的右侧，是给图形添加颜色的最快途径。单击调色板中的任意一种颜色，可以将其添加到选择的图形上；在选择的颜色上单击鼠标右键，可以将此颜色添加到选择图形的边缘轮廓上。
- 泊坞窗：泊坞窗位于调色板的左侧，在 CorelDRAW X4 中共提供了 27 种泊坞窗。利用这些泊坞窗可以对当前图形的属性、效果、变换和颜色等进行设置和控制。执行【窗口】/【泊坞窗】子菜单下的命令，即可将相应的泊坞窗显示或隐藏。

 将鼠标光标移动到菜单栏的左侧位置，工具栏、属性栏、工具箱和调色板的‖或≡位置，泊坞窗上方的灰色区域内，当鼠标光标显示为移动符号时，按下鼠标左键并向绘图窗口中拖曳或双击，可以将其脱离系统的默认位置；在脱离状态下的菜单栏、工具栏、属性栏、工具箱、调色板或泊坞窗中的标题栏上双击，即可将其还原到默认的相应位置。

- 标尺：默认状态下，在绘图窗口的上边和左边各有一条水平和垂直的标尺，其作用是在绘制图形时帮助用户准确地绘制或对齐对象。
- 视图导航器：视图导航器位于绘图窗口的右下角，利用它可以显示绘图窗口中的不同区域。在【视图导航器】按钮上按下鼠标左键不放，然后在弹出的小窗口中拖曳鼠标光标，即可显示绘图窗口中的不同区域。注意，只有在页面放大显示或以 100%显示时，即页面可打印区域不在绘图窗口的中心位置时才可用。
- 页面可打印区：页面可打印区是位于绘图窗口中的一个矩形区域，可以在上面绘制图形或编辑文本等。当对绘制的作品进行打印输出时，只有页面打印区内的图形可以打印输出，以外的图形将不会被打印。
- 绘图窗口：是指工作界面中的白色区域，在此区域中也可以绘制图形或编辑文本，只是在打印输出时，只有位于页面可打印区中的内容才可以被打印输出。

以上介绍了 CorelDRAW X4 默认的工作界面，通过上面的学习，希望读者对该软件的界面及各部分的功能有一定的认识。

1.2.3　认识工具按钮

　　工具箱的默认位置位于界面窗口的左侧，包含 CorelDRAW X4 的各种绘图工具、编辑工具、文字工具和效果工具等。在任一按钮上单击，即可将其选择或显示隐藏的工具组。

　　将鼠标光标移动到工具箱中的任一按钮上时，该按钮将突起显示，如果鼠标光标在工具按钮上停留一段时间，鼠标光标的右下角会显示该工具的名称，如图 1-5 所示。单击工具箱中的任一工具按钮可将其选择。另外，绝大多数工具按钮的右下角带有黑色的小三角形，表示该工具是个工具组，还包含其他同类隐藏的工具，将鼠标光标放置在这样的按钮上按下鼠标左键不放，即可将隐藏的工具显示出来，如图 1-6 所示。移动鼠标光标至展开工具组中的任意一个工具上单击，即可将其选择。

图1-5　显示的按钮名称

图1-6　显示出的隐藏工具

　　工具箱以及工具箱中隐藏的工具按钮如图 1-7 所示。

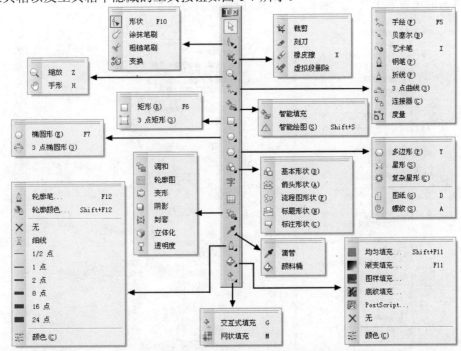

图1-7　工具箱以及隐藏的按钮

 工具按钮名称后面的字母或数字为选择该工具的快捷键，如选择【缩放】工具，可按键盘中的 Ｚ 键。需要注意的是，利用快捷键的方法选择工具时，输入法必须为英文输入法，否则系统会默认输入文字。

如果该组工具经常使用，可以将鼠标光标移动到该组工具上方的━━位置，按下鼠标左键并向绘图窗口中拖曳，将其拖离工具箱，释放鼠标左键后，该组工具将作为一个单独的工具栏显示在绘图窗口中，如图 1-8 所示。

图1-8 单独显示的【交互式展开式工具】工具栏

1.2.4 认识泊坞窗

泊坞窗因其能够停靠在绘图窗口的边缘而得名，像调色板和工具箱一样。默认情况下，泊坞窗会显示在绘图窗口的右边，但也可以把它们移动到绘图窗口的顶端、下边或左边，并能够分离泊坞窗或调整泊坞窗的大小。每个泊坞窗都有独特的属性，以便让用户控制文件的某个特定方面。

CorelDRAW X4 中有 27 个泊坞窗，存放在【窗口】/【泊坞窗】子菜单中，如图 1-9 所示。

所有泊坞窗的调用方式都是相似的，而且都可以采用相同的方法改变其位置或大小。当用户打开多个泊坞窗时，它们会以堆叠的方式显示，如图 1-10 所示。单击泊坞窗右上角的 ≫ 按钮，可将泊坞窗折叠，以图 1-11 所示的方式显示，此时单击 ≪ 按钮，即可将其展开。另外，单击泊坞窗右上角的 ▲ 按钮可将泊坞窗在垂直方向上折叠。

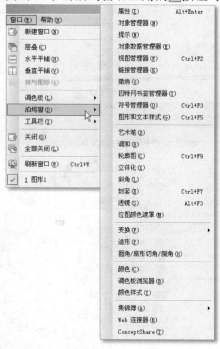

图1-9 【窗口】/【泊坞窗】子菜单　　　图1-10 堆叠显示的泊坞窗　　　图1-11 折叠显示的泊坞窗

1.2.5 认识调色板

调色板位于工作界面的右侧，它是给图形添加颜色的最快途径。单击【调色板】底部的按钮，可以将调色板展开。如果要将展开后的调色板关闭，只要在工作区中的任意位置单击即可。另外，将鼠标光标移动到【调色板】中的任一颜色色块上，系统将显示该颜色块的颜色名，在颜色块上按住鼠标左键不放，稍等片刻，系统会弹出当前颜色的颜色组。

　　将调色板拖离默认位置所显示的状态如图 1-12 所示。在【调色板】中的 ▶ 按钮上单击，在弹出的下拉菜单中选择【显示颜色名】命令，【调色板】中的颜色将显示名称，如图 1-13 所示。再次执行此命令，即可隐藏颜色名称恢复以小色块的形式显示。

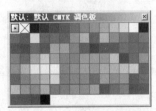

图1-12　独立显示的调色板

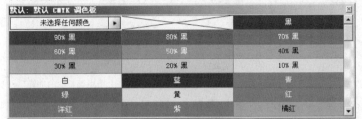

图1-13　显示颜色名称的调色板

- 单击【调色板】中的任意一种颜色，可以将其添加到选择的图形上，作为图形的填充色；在任意一种颜色上单击鼠标右键，可以将此颜色添加到选择图形的边缘轮廓上，作为图形的轮廓色。
- 在【调色板】中顶部的 ⊠ 按钮上单击鼠标左键，可删除选择图形的填充色；单击鼠标右键，可删除选择图形的轮廓色。

1.3　标志设计——设计美术用品标志

　　下面灵活运用 工具、 工具及镜像复制操作来设计七星瓢虫美术用品标志。

【步骤解析】

1. 执行【文件】/【新建】命令，新建一个图形文件。
2. 选择 工具，在绘图窗口中拖曳鼠标光标，绘制出如图 1-14 所示的椭圆形。
3. 单击属性栏中的 按钮，将绘制的椭圆形转换为曲线图形，此时在椭圆形各边的中间位置将显示节点，如图 1-15 所示。
4. 选择 工具，然后将鼠标光标移动到如图 1-16 所示的位置双击，添加一个节点。

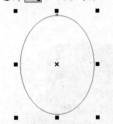　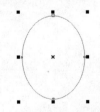　

图1-14　绘制的椭圆形　　　　　图1-15　转换为曲线图形后的形态　　　　图1-16　鼠标光标放置的位置

5. 用与步骤 4 相同的方法，在下方节点的右侧再添加一个节点，添加的节点位置如图 1-17 所示。
6. 将鼠标光标移动到下方中间的节点上按下鼠标左键并向上拖曳，将其调整至如图 1-18 所示的位置。
7. 将鼠标光标移动到【调色板】中的"红"色块上单击，为图形填充红色，然后将鼠标光标移动到到【调色板】上方的⊠色块上单击鼠标右键，去除图形的外轮廓，效果如图 1-19 所示。

图1-17 添加的节点

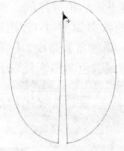

图1-18 节点调整后的位置

图1-19 填充颜色并去除轮廓后的效果

8. 选择□工具，在红色图形的上方位置拖曳鼠标光标绘制出如图 1-20 所示的矩形。

9. 将鼠标光标移动到【调色板】中的"黑"色块上单击，为图形填充黑色，然后将鼠标光标移动到到【调色板】上方的⊠色块上单击鼠标右键，去除图形的外轮廓，效果如图 1-21 所示。

10. 将属性栏中 [60 60] [60 60] 的参数均设置为"60"，矩形则调整为圆角矩形，如图 1-22 所示。

图1-20 绘制的矩形

图1-21 填充颜色后的效果

图1-22 制作的圆角矩形

11. 将鼠标光标放置到黑色圆角矩形的中心位置，按下鼠标左键并向上拖曳至如图 1-23 所示的位置时，在不释放鼠标左键的情况下单击鼠标右键，将黑色圆角矩形移动复制。

12. 按住 Shift 键，将鼠标光标放置到复制出图形的右上角位置按下鼠标左键并向左下方拖曳，状态如图 1-24 所示。

图1-23 移动复制图形时的状态

图1-24 缩小图形时的状态

13. 至合适位置后释放鼠标左键，图形缩小后的效果如图 1-25 所示。

14. 选择▣工具，按住 Shift 键单击下方的大圆角矩形，将两个圆角矩形同时选择，然后执行【排列】/【顺序】/【到图层后面】命令，将圆角矩形调整至红色图形的后面。

15. 在工具箱中的🖊按钮上按下鼠标左键，在弹出的隐藏工具组中选择🖊工具，然后将鼠标光标移动到如图 1-26 所示的位置并单击，确定绘制线形的第一点。

图1-25　图形缩小后的形态

图1-26　鼠标光标放置的位置

16. 向左上方移动鼠标光标至合适位置后单击并向左上方拖曳，状态如图 1-27 所示。

17. 再次移动鼠标光标至如图 1-28 所示的位置并单击，确定绘制线形的终点。

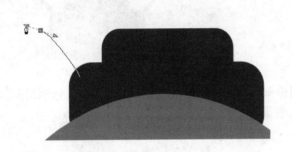

图1-27　绘制线形时的状态

图1-28　确定的终点

18. 按住 Ctrl 键并单击鼠标左键，结束绘制线形操作，绘制的线形如图 1-29 所示。

19. 将属性栏中 🖊 2.0 mm 的参数设置为 "2.0mm"，调整线形宽度后的效果如图 1-30 所示。

要点提示　如果读者绘制的图形较大，可设置更大的线形宽度；相反，如果绘制的图形较小，此处就要设置比较小的线宽参数。读者可根据绘制的图形大小灵活进行设置。

20. 执行【排列】/【将轮廓转换为对象】命令，将轮廓图形转换为对象，如图 1-31 所示，以确保绘制的线形在缩放时能按比例缩放。

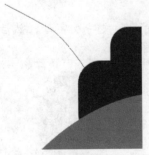

图1-29　绘制的线形

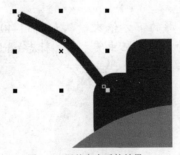

图1-30　调整宽度后的效果

图1-31　转换为对象后的效果

21. 用与步骤 15～20 相同的方法，绘制出如图 1-32 所示的图形。

22. 利用 ▷ 工具将两条线形同时选择，然后将鼠标光标放置到选框左侧中间的节点上，如图 1-33 所示。

图1-32　绘制的图形

图1-33　鼠标光标放置的位置

23. 按住 Ctrl 键，并按下鼠标左键向右拖曳，当显示如图 1-34 所示的蓝色线框时，在释放鼠标左键的情况下单击鼠标右键，镜像复制图形，然后将复制出的图形水平向右调整至如图 1-35 所示的位置。

图1-34　镜像复制图形时的状态

图1-35　复制图形调整后的位置

24. 选择 工具，在红色图形上绘制出如图 1-36 所示的黑色椭圆形，然后仍利用 工具，依次绘制出如图 1-37 所示的黑色椭圆形。

图1-36　绘制的黑色椭圆形

图1-37　绘制的图形

25. 用与步骤 22～23 相同的方法，将下方的 3 个椭圆形选择并镜像复制，然后将复制出的图形调整至如图 1-38 所示的位置。

26. 用与步骤 15～23 相同的方法，依次绘制并复制出如图 1-39 所示的图形，完成七星瓢虫的绘制。

27. 利用 字 工具在七星瓢虫图形的下方依次输入如图 1-40 所示的文字及字母，然后按 Ctrl+S 键，将此文件命名为"七星瓢虫美术用品标志.cdr"保存。

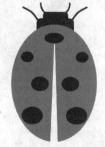

图1-38　镜像复制出的图形

图1-39　绘制的图形

图1-40　输入的文字及字母

1.4 拓展案例

通过本章的学习，读者自己动手设计出下面的天天课堂网络标志及红蜻蜓服饰标志。

1.4.1 设计天天课堂网络标志

灵活运用 □ 工具、 ▲ 工具和 ▶ 工具，设计出如图 1-41 所示的天天课堂网络标志。

图1-41 设计的天天课堂标志

【步骤解析】

1. 新建文件后，利用 □ 工具依次绘制矩形和圆角矩形，组合出如图 1-42 所示的 "T" 图形。
2. 将 "T" 图形选择后向左下方移动复制，然后分别修改复制出图形的颜色。
3. 将左下方的两个 "T" 图形同时选择并向右镜像复制，然后调整图形的位置，并分别修改图形的颜色，最终效果如图 1-43 所示。

图1-42 组合出的 "T" 图形

图1-43 复制出的图形

4. 继续利用 □ 工具绘制正方形，然后将属性栏中 的参数均设置为 "20"，⟳45.0 的参数设置为 "45"，生成的图形效果如图 1-44 所示。
5. 利用 字 工具，在正方形圆角图形中输入如图 1-45 所示的白色 "@" 字母，输入时可按 Shift + 2 键。

图1-44 绘制的图形

图1-45 输入的字母

6. 利用 ▲ 工具和 ▶ 工具绘制出如图 1-46 所示的 "树" 图形，然后利用 □ 工具依次在其两侧绘制出如图 1-47 所示的矩形。

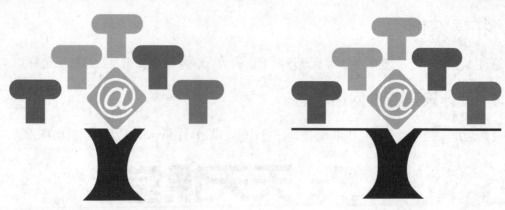

图1-46　绘制的图形　　　　　　　　　　　　　　　图1-47　绘制的矩形

7. 依次输入文字及字母，即可完成天天课堂标志的设计。

1.4.2　设计红蜻蜓服饰标志

灵活运用 工具、 工具和 工具及缩小复制和镜像复制图形的方法，设计出如图1-48 所示的红蜻蜓服饰标志。

图1-48　设计完成的标志

【步骤解析】

1. "蜻蜓翅膀"图形的绘制过程示意图如图 1-49 所示。

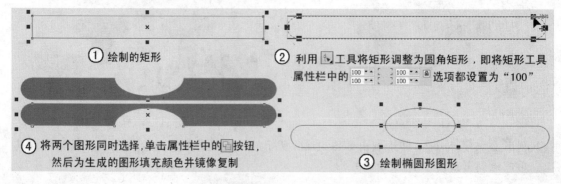

图1-49　"蜻蜓翅膀"图形的绘制过程示意图

2. "蜻蜓身子"图形的绘制过程示意图如图 1-50 所示。

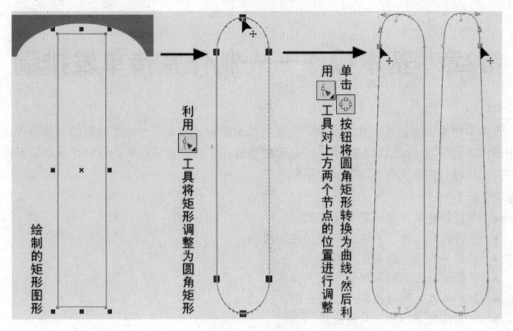

图1-50　"蜻蜓身子"图形的绘制过程示意图

1.5　小结

　　本章主要讲述了 CorelDRAW 的基础入门知识，包括基本概念、CorelDRAW X4 工作界面以及工具箱、泊坞窗及调色板的认识等，最后还利用设计标志案例来让读者大体了解利用 CorelDRAW X4 进行工作的方法。通过本章的学习，希望读者能对 CorelDRAW X4 有一个初步的认识，为今后的学习打下坚实的基础。

第2章 基本操作——制作宣传单发排稿

本章主要来讲解文件的基本操作、页面的基本设置及准备工作时要掌握的一些操作。本章中的内容是学习 CorelDRAW 的基础，希望读者在学习时能够认真、仔细，并能较好地掌握，为今后进行实际工作打下坚实的基础。

【学习目标】
- 掌握新建文件并设置页面的方法。
- 掌握打开文件及切换文件窗口的方法。
- 掌握导入及导出图像的方法。
- 掌握图形文件的保存和另存为操作。
- 熟悉标尺、网格和参考线的应用。
- 熟悉缩放与平移工具的应用。
- 掌握宣传单的设计与发排方法。

2.1 文件基本操作

文件基本操作包括新建文件、打开文件、导入文件、导出文件和保存文件等，下面以案例的形式来详细讲解各种操作。

2.1.1 新建文件

启动 CorelDRAW X4 后，在弹出的【欢迎屏幕】窗口中单击【新建空白文档】命令，即可新建一个图形文件。另外，进入工作界面后，执行【文件】/【新建】命令（快捷键为 Ctrl+N），或在工具栏中单击 按钮，也可新建一个图形文件。

下面以新建一个尺寸为"A3"、页面方向为"横向"的图形文件为例，来详细讲解新建文件操作。

【步骤解析】
1. 启动 CorelDRAW X4，在弹出的【欢迎屏幕】窗口中单击【新建空白文档】命令。
2. 在属性栏中的 A4 下拉列表中选择 "A3"，属性栏中的页面大小选项将自动切换为 A3 的尺寸 297.0 mm / 420.0 mm 。
3. 单击属性栏中的 按钮，即可将图形文件设置为横向。

新建文件后进行页面设置的方法主要有两种，分别为在属性栏中设置和利用菜单命令设置，具体如下。

一、 在属性栏中设置页面

新建文件后，在没有执行任何操作之前，属性栏如图 2-1 所示。

图2-1　属性栏的默认设置

- 在 A4 下拉列表中可以选择要使用的纸张类型或纸张大小。当选择【自定义】选项时，用户可以在属性栏后面的【纸张宽度和高度】中设置需要的纸张尺寸。

> **要点提示**
>
> CorelDRAW 默认的打印区大小为 210.0mm×297.0mm，也就是常说的 A4 纸张大小。在广告设计中常用的文件尺寸有 A3（297.0mm×420.0mm）、A4（210.0mm×297.0mm）、A5（148.0mm×210.0mm）、B5（182.0mm×257.0mm）和 16 开（184.0mm×260.0mm）等。

- 【纵向】按钮和【横向】按钮：用于设置当前页面的方向，当按钮处于激活状态时，绘图窗口中的页面是纵向平铺的。当单击按钮，将其设置为激活状态，绘图窗口中的页面是横向平铺的。

> **要点提示**
>
> 执行【版面】/【切换页面方向】命令，可以将当前的页面方向切换为另一种页面方向。即如果当前页面为横向，执行该命令将切换为纵向；如果当前页面为纵向，执行该命令将切换为横向。

- 【对所有页面应用页面布局】按钮和【对当前页面应用页面布局】按钮：用于设置当前页面布局的应用范围。默认情况下，按钮处于激活状态，表示多页面文档中的所有页面都应用相同的页面大小和方向。如果要设置多页面文档中个别页面的大小和方向，可将该页面设置为当前页，然后激活属性栏中的按钮，再设置该页面的大小或方向即可。
- 单位：毫米 下拉列表中的选项如图 2-2 所示。在此列表中可以选择尺寸的单位。其中显示为蓝色的选项，表示此单位是当前选择的单位。

二、　利用菜单命令设置页面

执行【版面】/【页面设置】命令，弹出如图2-3所示的【选项】对话框。

图2-2　【单位】选项列表

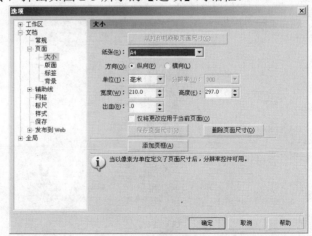

图2-3　【选项】对话框

> **要点提示**
>
> 将鼠标光标移动到绘图窗口中页面的轮廓或阴影处双击，或单击工具栏中的【选项】按钮，也可以打开【选项】对话框来设置页面的大小。

- 【纵向】、【横向】与【纸张】选项：与属性栏中的【纵向】按钮、【横向】按钮和 A4 ▼下拉列表相同。
- 当在【纸张】下拉列表中选择【自定义】选项时，可以在下面的【宽度】和【高度】选项窗口中设置需要的纸张尺寸。
- 【仅将更改应用于当前页面】选项：勾选此选项，在多页面文档中可以调整指定页的大小或方向。如不勾选此选项，在调整指定页面的大小或方向时，所有页面将同时调整。

在【选项】对话框设置完页面的有关选项后，单击　确定　按钮，绘图窗口中的页面就会采用当前设置的页面大小和方向。

2.1.2 打开文件

在【欢迎屏幕】窗口中单击　打开其他文档…　按钮，在弹出的【打开绘图】对话框中选择需要打开的图形文件，再单击　打开　按钮，即可将文件打开。另外，进入工作界面后，执行【文件】/【打开】命令（快捷键为 Ctrl+O），或在工具栏中单击【打开】按钮，也可进行打开文件操作。

下面以打开 "CorelDRAW X4 安装盘符\Program Files\Corel\CorelDRAW Graphics Suite X4\Draw\Samples" 目录下名为 "Sample3.cdr" 的文件为例，来详细讲解打开图形文件操作。

> 如果想打开计算机中保存的图形文件，首先要知道文件的名称及文件保存的路径，即在计算机硬盘的哪一个分区中、分区硬盘的哪一个文件夹内，这样才能够顺利地打开保存的图形文件。

【步骤解析】

1. 单击工具栏中的　按钮，弹出【打开绘图】对话框。
2. 在【打开绘图】对话框中的【查找范围】右侧单击▼按钮，在弹出的下拉列表中选择 "C" 盘，如图 2-4 所示。

图2-4　选择的盘符

3. 进入 "C" 盘后，依次双击下方窗口中的 "\Program Files\Corel\CorelDRAW Graphics

Suite X4\Draw\Samples" 文件夹，在【打开绘图】对话框中即可显示文件夹中的所有文件，如图 2-5 所示。

图2-5 文件夹中的图形文件

4. 在文件窗口中选择名为 "Sample3.cdr" 的文件，单击 打开 按钮。此时，绘图窗口中即显示打开的图形文件，如图 2-6 所示。

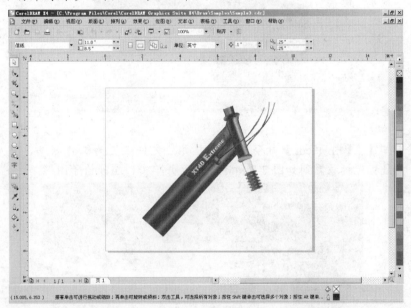

图2-6 打开的图形文件

 在以后的练习和实例制作过程中，我们将调用光盘中的图片，届时将直接叙述为：打开或导入附盘中 "**" 目录下的 "*.*" 文件，希望读者注意。另外，读者也可以将附盘中的内容复制到个人计算机中的相应盘符下，以方便以后调用。

三、 切换文件窗口

在实际工作过程中如果创建或打开了多个文件，并且在多个文件之间需要调用图形，此时就会遇到文件窗口的切换问题。下面以"将宣传单内页中的椅子图形复制到封面图形中"为例，来讲解文件窗口的切换操作。

【步骤解析】

1. 执行【文件】/【打开】命令，在弹出的【打开绘图】对话框中选择附盘中的"图库\第02章"目录。

2. 将鼠标光标移动到"封面.cdr"文件名称上单击将其选择，然后按住 Ctrl 键单击"内页.cdr"文件，将两个文件同时选择。

3. 单击 打开 按钮，即可将两个文件同时打开，当前显示的为"封面"文件，如图 2-7 所示。

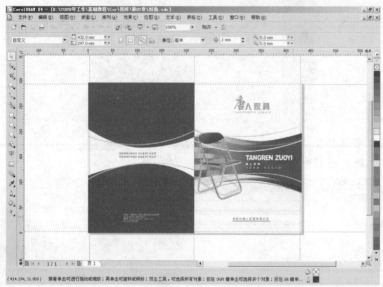

图2-7　打开的文件

4. 执行【窗口】/【内页.cdr】命令，将"内页"文件设置为工作状态，然后选择 工具，并将鼠标光标放置到如图 2-8 所示的位置并单击，选择椅子图形。

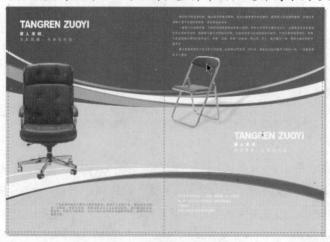

图2-8　鼠标光标放置的位置

5. 单击工具栏中的 按钮，复制选择的椅子图形。

6. 执行【窗口】/【封面.cdr】命令，将"封面"文件设置为工作状态，然后单击工具栏中的 按钮，将复制的椅子图形粘贴到当前页面中。

7. 将鼠标光标放置到粘贴的椅子图形上，按下鼠标左键并向左上方拖曳，将其移动到如图 2-9 所示的位置。

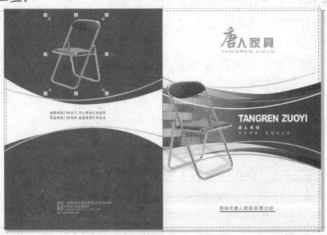

图2-9 粘贴的椅子图形调整后的位置

> 要点提示
>
> 如果创建了多个文件，每一个文件名称都会罗列在【窗口】菜单下，选择相应的文件名称可以切换文件。另外，单击当前页面菜单栏右侧的 按钮，将文件都设置为还原状态显示，再直接单击相应文件的标题栏或页面控制栏同样可以将文件切换。

四、 排列文件窗口

当对一个设计任务设计了很多种方案，想整体浏览一下这些方案时，可利用【窗口】菜单下的命令对这些文件进行排列显示。

- 执行【窗口】/【层叠】命令，可将窗口中所有的文件以层叠的形式排列。
- 执行【窗口】/【水平平铺】命令，可将窗口中所有的文件横向平铺显示。
- 执行【窗口】/【垂直平铺】命令，可将窗口中所有的文件纵向平铺显示。

利用【文件】/【打开】命令，将附盘中"图库\第 02 章"目录下名为"方案 1.cdr"、"方案 2.cdr"和"方案 3.cdr"的 3 个文件打开，然后分别执行【层叠】、【水平平铺】和【垂直平铺】命令，效果如图 2-10 所示。

图2-10 文件窗口的排列方式

当绘图窗口中有最小化的文件窗口时，执行【窗口】/【排列图标】命令，可将打开的文件按规律（自左向右、自下而上）排列在绘图窗口的下方。

2.1.3 导入文件

利用【文件】/【导入】命令可以导入【打开】命令所不能打开的图像文件，如"PSD"、"TIF"、"JPG"和"BMP"等格式的图像文件。

导入文件的方法有两种，分别为执行【文件】/【导入】命令（快捷键为 Ctrl+I），或在工具栏中单击 按钮。

在导入文件的同时可以调整文件大小或使文件居中。导入位图时，还可以对位图重新取样以缩小文件的大小，或者裁剪位图，以选择要导入图像的准确区域和大小。下面来具体讲解导入图像的每一种方法。

一、 导入全图像文件

【步骤解析】

1. 单击工具栏中的 按钮，弹出【导入】对话框。
2. 在弹出的【导入】对话框中，选择附盘中"图库\第 02 章"目录下名为"插画.jpg"的文件，然后单击 导入 按钮。
3. 当鼠标光标显示为如图 2-11 所示的带文件名称和说明文字的 图标时，单击即可将选择的文件导入，如图 2-12 所示。

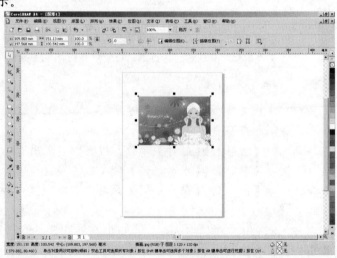

图2-11 导入文件时的状态 　　　　　　图2-12 导入的图像

> 要点提示 当显示为带文件名称和说明的 图标时拖曳鼠标光标，可以将选择的图像以拖曳框的大小导入。如直接按 Enter 键，可将选择的图像文件或图像文件中的指定区域导入到绘图窗口中的居中位置。

二、 导入裁剪文件

在工作过程中，常常需要导入位图图像的一部分，利用【裁剪】选项，即可将需要的图像裁剪后再进行导入。

【步骤解析】

1. 按 Ctrl+I 键，在弹出的【导入】对话框中再次选择附盘中"图库\第 02 章"目录下名为"插画.jpg"的图像文件，然后在右下方的列表栏中选择【裁剪】选项，如图 2-13 所示。

2. 单击 ___导入___ 按钮，将弹出如图 2-14 所示的【裁剪图像】对话框。

图2-13　【导入】对话框

图2-14　【裁剪图像】对话框

- 在【裁剪图像】对话框的预览窗口中，通过拖曳裁剪框的控制点，可以调整裁剪框的大小。裁剪框以内的图像区域将被保留，以外的图像区域将被删除。
- 将鼠标光标放置在裁剪框中，鼠标光标会显示为 形状，此时拖曳鼠标光标可以移动裁剪框的位置。
- 在【选择要裁剪的区域】参数区中设置好距离【上】部和【左】侧的距离及最终图像的【宽度】和【高度】参数，可以精确地将图像进行裁剪。注意默认单位为"像素"，单击【单位】选项右侧的倒三角按钮可以设置其他的参数单位。
- 当对裁剪后的图像区域不满意时，单击 ___全选(S)___ 按钮，可以将位图图像全部选择，以便重新设置裁剪。
- 【新图像大小】选项的右侧显示了位图图像裁剪后的文件尺寸大小。

3. 通过调整裁剪框的控制点，将裁剪框调整至如图 2-15 所示的形态，然后单击 ___确定___ 按钮。

4. 当鼠标光标显示为带文件名称和说明文字的图标时，单击即可将选择文件的指定区域导入，如图 2-16 所示。

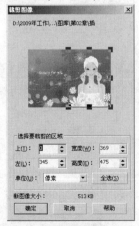

图2-15　调整的裁剪框及参数

图2-16　导入的图像效果

三、 导入重新取样文件

在导入图像时，由于导入的文件与当前文件所需的尺寸和解析度不同，所以在导入后要对其进行缩放等操作，这样会导致位图图像产生锯齿。利用【重新取样】选项可以将导入的图像重新取样，以适应设计的需要。

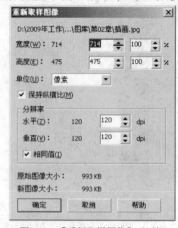

图2-17　【重新取样图像】对话框

【步骤解析】

1. 按 Ctrl+I 键，在弹出的【导入】对话框中再次选择附盘中 "图库\第 02 章" 目录下名为 "插画.jpg" 的图像文件，然后在右下方的列表栏中选择【重新取样】选项。

2. 单击 导入 按钮，将弹出如图 2-17 所示的【重新取样图像】对话框。

3. 在【重新取样图像】对话框中设置【宽度】、【高度】以及【分辨率】选项的参数，使导入的文件大小适应设计需要。

 需要注意的是，在设置图像的【宽度】、【高度】和【分辨率】参数时，只能将尺寸改小不能改大，以确保图像的品质。

4. 设置好重新取样的参数后，单击 确定 按钮。

5. 当鼠标光标显示为带文件名称和说明文字的 图标时，单击即可将重新取样的文件导入。

2.1.4　导出文件

执行【文件】/【导出】命令，可以将在 CorelDRAW 中绘制的图形导出为其他软件所支持的文件格式，以便在其他软件中顺利地进行编辑。

导出文件的方法也有两种。分别为执行【文件】/【导出】命令（快捷键为 Ctrl+E），或单击工具栏中 按钮。

下面以导出 "*.jpg" 格式的图像文件为例来讲解导出文件的具体方法。

【步骤解析】

1. 绘制完一幅作品后，选择需要导出的图形。

在导出图形时，如果没有任何图形处于选择状态，系统会将当前文件中的所有图形导出。如先选择了要导出的图形，并在弹出的【导出】对话框中勾选【只是选定的】复选项，系统只会将当前选择的图形导出。

2. 执行【文件】/【导出】命令或单击工具栏中的 按钮，将弹出如图 2-18 所示的【导出】对话框。

- 【文件名】：在该文本框中可以输入文件导出后的名称。
- 【保存类型】：在该下拉列表中选择文件的导出格式，以便在指定的软件中能够打开导出的文件。

图2-18　【导出】对话框

在 CorelDRAW X4 中最常用的导出格式有："*.AI"格式，可以在 Photoshop、Illustrator 等软件中直接打开并编辑；"*.JPG"格式，是最常用的压缩文件格式；"*.PSD"格式，是 Photoshop 的专用文件格式，将图形文件导出为此格式后，在 Photoshop 中打开，各图层将独立存在，前提是在 CorelDRAW 中必须分层创建各图形；"*.TIF"格式，是制版输出时常用的文件格式。

3. 在【保存类型】下拉列表中将导出的文件格式设置为"JPG - JPEG Bitmaps"格式，然后单击 导出 按钮。

4. 在弹出的【转换为位图】对话框中设置好各选项后，单击 确定 按钮，即可完成文件的导出操作。此时启动 Photoshop 或 ACDSee 看图软件，按照导出文件的路径，即可将导出的图形文件打开并进行编辑或特效处理等操作。

2.1.5　保存文件

保存文件时主要分两种情况，在保存文件之前，一定要分清用哪个命令进行操作，以免造成不必要的麻烦。

对于在新建文件中绘制的图形，如果要对其保存，可执行【文件】/【保存】命令（快捷键为 Ctrl+S）或单击工具栏中的 按钮，也可执行【文件】/【另存为】命令（快捷键为 Ctrl+Shift+S）。

对于打开的文件进行编辑修改后，执行【文件】/【保存】命令，可将文件直接保存，且新的文件将覆盖原有的文件；如果保存时不想覆盖原文件，可执行【文件】/【另存为】命令，将修改后的文件另存，同时还保留原文件。

2.1.6 关闭文件

当对文件进行绘制、编辑和保存后，不想再对此文件进行任何操作，就可以将其关闭，关闭文件的方法有以下两种。

- 单击图形文件标题栏右侧的 ☒ 按钮。
- 执行【文件】/【关闭】命令或【窗口】/【关闭】命令。

> **要点提示** 如打开很多文件想全部关闭，此时可执行【文件】/【全部关闭】命令或【窗口】/【全部关闭】命令，即可将当前的所有图形文件全部关闭。

2.2 页面背景及多页面设置

对于设计者来说，设计一幅作品的首要前提是要正确设置文件的页面。下面主要讲解页面背景的设置及多页面的添加、删除和重命名操作。

2.2.1 设置页面背景

执行【版面】/【页面背景】命令，可以为当前文件的背景添加单色或图像，执行此命令将弹出如图 2-19 所示的【选项】对话框。

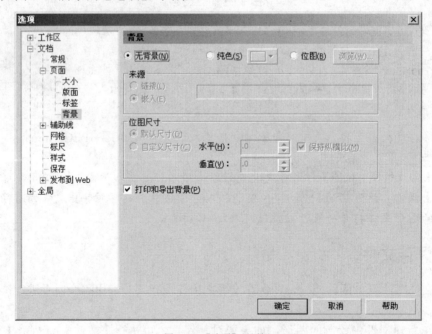

图2-19 【选项】对话框

- **【无背景】**：点选此单选项，绘图窗口的页面将显示为白色。
- **【纯色】**：点选此单选项，后面的 ▾ 按钮即变为可用。单击此按钮，将弹出如图 2-20 所示的【颜色】选项面板。在【颜色】选项面板中选择任意一种颜色，可以将其作为背景色。当单击 其它(O)... 按钮时，将弹出如图 2-21 所示的【选择颜色】对话框，在此对话框中可以设置需要的其他背景颜色。

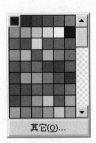

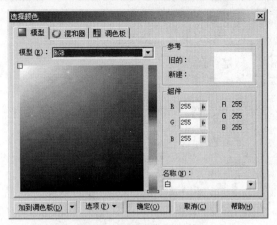

图2-20　【颜色】选项面板　　　　　　　　图2-21　【选择颜色】对话框

- 　【位图】：点选此单选项，后面的 浏览(W) 按钮即变为可用。单击此按钮，可在弹出的【导入】对话框中选择一幅位图图像，单击 导入 按钮后即可将选择的图像导入到工作区域中，作为当前页面的背景。

下面以"为文件添加位图背景"为例，来详细讲解设置页面背景的操作。

【步骤解析】

1. 按 Ctrl+N 键创建一个新的图形文件，然后执行【版面】/【切换页面方向】命令，将页面设置为横向。
2. 执行【版面】/【页面背景】命令，在弹出的【选项】对话框中点选【位图】单选项，然后单击 浏览(W) 按钮，在弹出的【导入】对话框中，选择附盘中"图库\第 02 章"目录下名为"背景.jpg"的图片文件。
3. 单击 导入 按钮，将背景图像导入，此时选择的图像文件名和路径就会显示在【选项】对话框中的【来源】栏中，如图 2-22 所示。

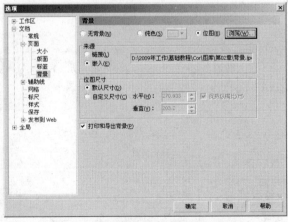

图2-22　选择背景文件后的【选项】对话框

- 　【链接】：点选此单选项，系统会将导入的位图背景与当前图形文件链接。当对源位图文件进行更改后，图形文件中的背景也将随之改变。
- 　【嵌入】：点选此单选项，系统会将导入的位图背景嵌入到当前的图形文件中。当对源位图文件进行更改后，图形文件中的背景不会发生变化。

- **【默认尺寸】**: 默认状态下，CorelDRAW 软件会采用位图的原尺寸，如果作为背景的位图图像的尺寸比页面背景的尺寸小时，该背景图像就会平铺显示以填满整个背景。

- **【自定义尺寸】**: 点选此单选项，然后在【水平】或【垂直】文本框中可以输入新的位图尺寸。如果将【保持纵横比】选项的勾选取消，则可以在【水平】或【垂直】文本框中指定不成比例的位图尺寸。

- **【打印和导出背景】**: 如果取消该选项的选择，设置的背景将只能在显示器上看到，不能被打印输出。

4. 点选【自定义尺寸】单选项，并将【水平】值设置为 "297"，然后单击 确定(O) 按钮，此时绘图窗口中的页面背景将变为如图 2-23 所示的形态。

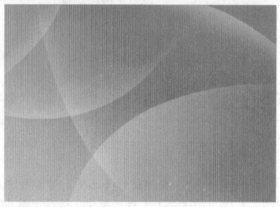

图2-23 添加的页面背景

> **要点提示** 作为背景的图像不能被移动、删除或编辑。如果想取消背景图像，则需再次调出【选项】对话框，并点选【无背景】单选项，然后单击 确定(O) 按钮即可。

2.2.2 多页面设置

在编排设计画册等多页面的文件时，就会用到添加和删除页面操作，下面来具体讲解。

一、添加页面

执行【版面】/【插入页】命令，可以在当前的文件中插入一个或多个页面。执行此命令，将弹出如图 2-24 所示的【插入页面】对话框。

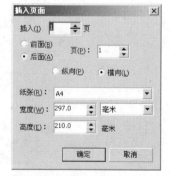

图2-24 【插入页面】对话框

- **【插入】**: 可以设置要插入页面的数量。

- **【前面】**: 点选此单选项，在插入页面时，会在当前页面的前面插入。

- **【后面】**: 点选此单选项，在插入页面时，会在当前页面的后面插入。

- **【页】**: 可以设置页面插入的位置。比如，将参数设置为 "2" 时，是指在第 2 页的前面或后面插入页面。

- **【纵向】和【横向】**: 设置插入页面的方向。

- 【纸张】: 在该下拉列表中设置插入页面的类型, 系统默认的纸张类型为 A4 纸张。
- 【宽度】和【高度】: 设置要插入页面的尺寸大小。在【宽度】选项右侧的 【毫米】下拉列表中设置页面尺寸的单位。

要点提示 图 2-24 所示的【插入页面】对话框中设置的参数意思为: 在当前文件的第 1 页后面插入 1 页 纸张类型为 A4 的纵向页面。

二、 删除页面

执行【版面】/【删除页面】命令, 可以将当前文件中的一个或多个页面删除, 当图形 文件只有一个页面时, 此命令不可用。如当前文件有 4 个页面, 将第 4 页设置为当前页面, 然后执行此命令, 将弹出如图 2-25 所示的【删除页面】对话框。

- 【删除页面】: 设置要删除的页面。
- 【通到页面】: 勾选此复选项, 可以一次删除多个连续的页面, 即在【删除页 面】选项中设置要删除页面的起始页, 在【通到页面】选项中设置要删除页面 的终止页。

三、 重命名页面

执行【版面】/【重命名页面】命令, 可以对当前页面重新命名。执行此命令, 将弹出 如图 2-26 所示的【重命名页面】对话框。在【页名】文本框中输入要设置的页面名称, 然 后单击 确定 按钮, 即可将选择的页面重新命名为设置的名称。

四、 跳转页面

执行【版面】/【转到某页】命令, 可以直接转到指定的页面。当图形文件只有一个页 面时, 此命令不可用。如当前文件有 4 个页面, 执行此命令, 将弹出如图 2-27 所示的【定 位页面】对话框。在【定位页面】文本框中输入要转到的页面, 然后单击 确定 按钮, 当前的页面即切换到指定的页面。

图2-25 【删除页面】对话框

图2-26 【重命名页面】对话框

图2-27 【定位页面】对话框

除了使用菜单命令来对页面进行添加和删除外, 还可以使用右键菜单来完成这些操作。将鼠 标光标放在页面的名称上单击鼠标右键, 将会弹出如图 2-28 所示的右键菜单。此菜单中的【重命 名页面】、【删除页面】和【切换页面方向】命令与菜单中的命令及使用方法相同。

- 【在后面插入页】命令: 选择此命令, 系统会在单击页面的后面自动插入一 个新的页面。
- 【在前面插入页】命令: 选择此命令, 系统会在单击页面的前面自动插入一 个新的页面。
- 【再制页面】命令: 选择此命令, 将弹出如图 2-29 所示的【再制页面】对话 框, 用于复制当前页。在复制之前可选择在当前页之前还是之后复制, 也可选 择是复制当前页面中的图层还是复制图层及内容。

图2-28 右键菜单

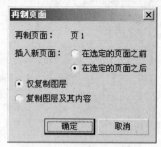

图2-29 【再制页面】对话框

2.2.3 快速应用页面控制栏

页面控制栏位于界面窗口下方的左侧位置，主要显示当前页码、页面总数等信息，如图 2-30 所示。

图2-30 页面控制栏

- 单击 按钮，可以由当前页面直接返回到第一页。相反，单击右侧的 按钮，可以由当前页面直接转到最后一页。
- 单击 按钮一次，可以由当前页面向前跳动一页。例如，当前窗口所显示页面为"页2"，单击 按钮一次，此时窗口显示页面为"页1"。
- 单击 按钮一次，可以由当前页面向后跳动一页。例如，当前窗口所显示页面为"页2"，单击 按钮一次，此时窗口显示页面为"页3"。
- 【定位页面】按钮 2/3：用于显示当前页码和图形文件中页面的数量。前面的数字为当前页的序号，后面的数字为文件中页面的总数量。单击此按钮，可在弹出的【定位页面】对话框中指定要跳转的页面序号。
- 当图形文件中只有一个页面时，单击 按钮，可以在当前页面的前面或后面添加一个页面；当图形文件中有多个页面，且第一页或最后一页为当前页面时，单击 按钮，可在第一页之前或最后一页之后添加一个新的页面。注意，每单击 按钮一次，文件将增加一页。

2.3 准备工作

掌握了上面介绍的文件操作和页面设置后，本节再来介绍一下工作前和工作中的一些常用操作，包括标尺、网格及辅助线的设置，缩放工具和手形工具的应用等。

2.3.1 设置标尺、网格及辅助线

标尺、网格和辅助线是在 CorelDRAW 中绘制图形的辅助工具，在绘制和移动图形过程中，利用这 3 种工具可以帮助用户精确地对图形进行定位和对齐等操作。

一、标尺

标尺的用途就是给当前图形一个参照，用于度量图形的尺寸，同时对图形进行辅助定位，使图形的设计更加方便、准确。

（1）显示与隐藏标尺。

执行【视图】/【标尺】命令，即可显示标尺。当标尺处于显示状态时，再次执行此命令，即可将其隐藏。

（2）移动标尺。

- 按住 Shift 键，将鼠标光标移动到水平标尺或垂直标尺上，按下鼠标左键并拖曳，即可移动标尺的位置。
- 按住 Shift 键，将鼠标光标移动到水平标尺和垂直标尺相交的 图标上，按下鼠标左键并拖曳，可以同时移动水平和垂直标尺的位置。

要点提示　当标尺在绘图窗口中移动位置后，按住 Shift 键，双击标尺或水平标尺和垂直标尺相交的 图标，可以恢复标尺在绘图窗口中的默认位置。

（3）更改标尺的原点。

将鼠标光标移动到水平标尺和垂直标尺相交的 图标上，按下鼠标左键沿对角线向下拖曳。此时，跟随鼠标光标会出现一组十字线，释放鼠标左键后，标尺上的新原点就出现在刚才释放鼠标左键的位置。移动标尺的原点后，双击水平标尺和垂直标尺相交的 图标，可将标尺原点还原到默认位置。

二、网格

网格是由显示在屏幕上的一系列相互交叉的虚线构成的，利用它可以精确地在图形之间、图形与当前页面之间进行定位。

（1）显示与隐藏网格。

执行【视图】/【网格】命令，即可将网格在绘图窗口中显示，当再次执行此命令，即可将网格隐藏。

（2）网格的间距设置。

执行【视图】/【设置】/【网格和标尺设置】命令，在弹出的【选项】对话框中选择【频率】选项，可以在其下的【频率】窗口中设置水平和垂直方向上每毫米网格的数量；选择【间距】选项，可以在其下的【间隔】窗口中设置水平和垂直方向上网格之间的距离，单位为毫米。参数设置完成后单击 确定(O) 按钮，参数设置就会反映在显示的网格上。

三、辅助线

利用辅助线也可以帮助用户准确地对图形进行定位和对齐。在系统默认状态下，辅助线是浮在整个图形上不可打印的线。

（1）显示与隐藏辅助线。

执行【视图】/【辅助线】命令，即可将添加的辅助线在绘图窗口中显示，当再次执行此命令，即可将辅助线隐藏。

（2）添加辅助线。

执行【视图】/【设置】/【辅助线设置】命令，然后在弹出【选项】对话框的左侧窗口中选择【水平】或【垂直】选项。在【选项】对话框右侧上方的文本框中输入相应的参数后，单击 添加(A) 按钮，然后再单击 确定(O) 按钮，即可添加一条辅助线。

利用以上的方法可以在绘图窗口中精确地添加辅助线。如果不需太精确，可将鼠标光标移动到水平或垂直标尺上，按下鼠标左键并向绘图窗口中拖曳，这样可以快速地在绘图窗口中添加一条水平或垂直的辅助线。

(3) 移动辅助线。

利用【挑选】工具在要移动的辅助线上单击，将其选择（此时辅助线显示为红色），当鼠标光标显示为双向箭头时，按下鼠标左键并拖曳，即可移动辅助线的位置。

(4) 旋转辅助线。

选择添加的辅助线，并在选择的辅助线上再次单击，将出现旋转控制柄，将鼠标光标移动到旋转控制柄上，按下鼠标左键并旋转，可以将添加的辅助线进行旋转。

(5) 删除辅助线。

选择需要删除的辅助线，然后按 Delete 键；或在需要删除的辅助线上单击鼠标右键，并在弹出的右键菜单中选择【删除】命令，也可将选择的辅助线删除。

2.3.2 缩放与平移视图

在 CorelDRAW 中绘制或修改图形时，常常需要将图形放大或缩小，以查看图形的每一个细节，这些操作就需要通过工具箱中的【缩放】工具🔍和【手形】工具🖐来完成。下面以列表的形式来介绍这两种工具的功能及使用方法。

工具	功能	使用方法
【缩放】工具🔍	利用【缩放】工具可以对图形整体或局部成比例放大或缩小显示。使用此工具只是放大或缩小了图形的显示比例，并没有真正改变图形的尺寸	选择🔍工具（或按 Z 键），然后将鼠标光标移动到绘图窗口中，此时鼠标光标将显示为🔍形状，单击鼠标左键可以将图形按比例放大显示；单击鼠标右键，可以将图形按比例缩小显示
		当需要将绘图窗口中的某一个图形或图形中的某一部分放大显示时，可以利用🔍工具在图形上需要放大显示的位置按下鼠标左键并拖曳，绘制出一个虚线框，释放鼠标左键后，即可将虚线框内的图形按最大的放大级别显示
【手形】工具🖐	利用【手形】工具可以改变绘图窗口中图形的显示位置，还可以对其进行放大或缩小操作	选择🖐工具（或按 H 键），将鼠标光标移动到绘图窗口中，当鼠标光标显示为🖐形状时，按下鼠标左键并拖曳，即可平移绘图窗口的显示位置，以便查看没有完全显示的图形。另外，在绘图窗口中双击鼠标左键，可放大显示图形；单击鼠标右键，可缩小显示图形

框选图形进行放大显示的状态及放大显示后的图形如图 2-31 所示。

图2-31　拖曳放大显示图形时的状态及放大显示后的窗口

要点提示　按 F2 键，可以将当前使用的工具切换为【缩放】工具。当利用【缩放】工具对图形局部放大时，如果对拖曳出虚线框的大小或位置不满意，可以按 Esc 键取消。

【缩放】工具和【手形】工具的属性栏完全相同，如图 2-32 所示。

图2-32　【缩放】工具和【手形】工具的属性栏

- 【缩放级别】 <u>100%</u> ▾：在该下拉列表中选择要使用的窗口显示比例。
- 【放大】按钮 🔍：单击此按钮，可以将图形放大显示。
- 【缩小】按钮 🔍：单击此按钮，可以将图形缩小显示，快捷键为 F3 。
- 【缩放到选定对象】按钮 🔍：单击此按钮，可以将选择的图形以最大化的形式显示，快捷键为 Shift+F2 。
- 【缩放到全部对象】按钮 🔍：单击此按钮，可以将绘图窗口中的所有图形以最大化的形式显示，快捷键为 F4 。
- 【缩放到页面大小】按钮 🔍：单击此按钮，可以将绘图窗口中的图形以绘图窗口中页面打印区域的 100%大小进行显示，快捷键为 Shift+F4 。
- 【缩放到页面宽度】按钮 🔍：单击此按钮，可以将绘图窗口中的图形以绘图窗口中页面打印区域的宽度进行显示。
- 【缩放到页面高度】按钮 🔍：单击此按钮，可以将绘图窗口中的图形以绘图窗口中页面打印区域的高度进行显示。

2.4　制作房地产宣传单的发排稿

下面主要利用本章介绍的命令来给宣传单样本排版，包括页面设置、插入页、转到某页和导入图像等操作。

 作品设计完成后要排输出稿，为了确保输出后的作品在装订和裁剪时适合纸张的边缘，一般都要为其设置出血。即扩展图像，使其超出打印区域一部分，这部分图像即是出血设置。通常，将出血图像限制为 3mm 即可。如果太大，将造成不必要的经济损耗；如果太小，在后期的装订和裁剪时将不好控制。

2.4.1　新建文件并设置大小

首先利用【页面设置】和【辅助线设置】命令来设置页面大小，客户要求的最终成品尺寸为 42cm×28.5cm。因为要设置 3mm 的出血，所以下面在设置版面的尺寸时，应该将页面设置为 42.6cm×29.1cm 的大小。

【步骤解析】

1. 按 Ctrl+N 键新建一个图形文件。
2. 执行【版面】/【页面设置】命令，在弹出的【选项】对话框中设置各选项，如图 2-33 所示，然后单击 <u>确定</u> 按钮。

 在【选项】对话框中设置页面尺寸时，也可将【宽度】选项设置为 "420 毫米"，【高度】选项设置为 "285 毫米"，再将【出血】选项设置为 "3 毫米"，单击 <u>确定</u> 按钮后执行【视图】/【显示】/【出血】命令，即可看到设置的页面尺寸及出血。但此种方法，出血的图像位于页面可打印区以外，在打印输出时，这部分图像将不会被打印输出，因此此种方法不提倡使用。

3. 执行【视图】/【设置】/【辅助线设置】命令，在弹出的【选项】对话框左侧栏中单击【水平】选项，然后在右侧【水平】下方的文本框中输入 "3"，如图 2-34 所示。

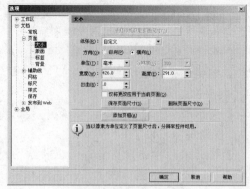

图2-33　【选项】对话框

4. 单击 添加(A) 按钮，在绘图窗口中水平方向的 "3毫米" 位置处添加一条辅助线，然后在文本框中输入 "288"，并单击 添加(A) 按钮。

5. 在【选项】对话框左侧栏中单击【垂直】选项，然后与用设置水平辅助线相同的方法，依次添加如图 2-35 所示的垂直辅助线。

图2-34　设置的水平辅助线位置参数

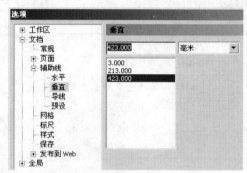

图2-35　设置的垂直辅助线位置参数

6. 单击 确定 按钮，添加的辅助线如图 2-36 所示。

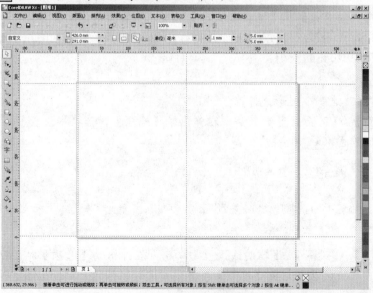

图2-36　添加的辅助线

2.4.2　设计宣传单封面

接下来设计宣传单的封面，在设计过程中将主要用到【导入】命令及镜像复制图形操作、移动复制图形操作和为图形添加交互式透明效果。

 在下面的操作过程中，难免会用到一些还没讲过的工具，希望读者能认真根据步骤进行操作，只要耐心地一步步来学习，相信读者可以完成最终的作品。另外，在后面的章节中还将对各种工具与命令进行更详细的讲解，并在讲解过程中不断加强读者的动手能力，使读者在学完本书后，能轻松使用该软件进行工作。

【步骤解析】

1. 接上例。

2. 单击工具栏中的![按钮]按钮，在弹出的【导入】对话框中选择附盘中"图库\第 02 章"目录下名为"画册背景.jpg"的图片文件。

3. 单击 导入 按钮，当鼠标光标显示为带有文件名称和说明的导入符号时，按 Enter 键，将选择的图像文件导入到如图 2-37 所示的居中位置。

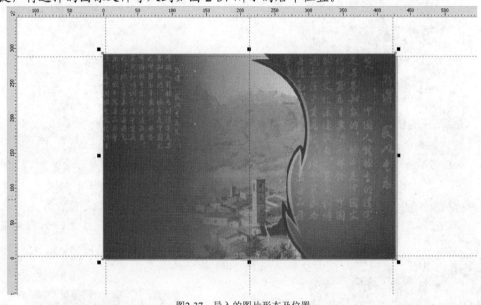

图2-37　导入的图片形态及位置

 此处导入的图像为设计好的图像，即图像的尺寸与页面的大小相同，因此在导入时可直接按 Enter 键。

4. 按 Ctrl+I 键，在弹出的【导入】对话框中将附盘中"图库\第 02 章"目录下名为"酒杯.tif"的文件导入，然后将其调整至合适的大小后放置到如图 2-38 所示的位置。

5. 按住 Ctrl 键，并将鼠标光标放置到选择图形上方中间的控制点上，当鼠标光标显示为双向箭头时按住鼠标左键并向下拖曳，状态如图 2-39 所示。

6. 在不释放按键及鼠标左键的情况下单击鼠标右键，即可将图形复制，复制出的图形如图 2-40 所示。

图2-38 导入图片放置的位置

图2-39 镜像复制图形时的状态

图2-40 复制出的图形

7.　确认 工具处于激活状态，按住 Shift 键，在垂直方向上向上移动复制出的图形，将其调整至如图 2-41 所示的位置。

8.　执行【排列】/【顺序】/【向后一层】命令，将复制出的图形调整至原图形的下方，然后选择 工具，并将鼠标光标移动到复制图形的上方位置按下鼠标左键向下拖曳，为图形添加如图 2-42 所示的交互式透明效果。

图2-41 复制出的图片

图2-42 添加的交互式透明效果

9.　用与步骤 4～8 相同的方法，依次将附盘中"图库\第 02 章"目录下名为"筷子.tif"、"钱币.tif"和"皇牌.tif"的文件导入，并分别调整至合适的大小后进行倒影效果的制作，如图 2-43 所示。

10.　选择 工具，在"皇牌"图片上输入如图 2-44 所示的黑色文字。

图2-43 导入的图形

图2-44 输入的文字

11. 选择工具，按住 Shift 键单击下方的"皇牌"，将其与文字同时选择，然后单击属性栏中的按钮，将选择的两个对象群组为一个对象。

12. 将鼠标光标放置到选择的群组对象上按下鼠标左键并拖曳，然后在不释放鼠标左键的情况下单击鼠标右键，将群组对象移动复制，然后将复制出的对象调整至合适的大小后移动到如图 2-45 所示的位置。

图2-45　复制出的对象调整后放置的位置

13. 再次用与步骤 4～8 相同的方法，依次将附盘中"图库\第 02 章"目录下名为"酒盅.tif"和"筷子.tif"的文件导入，并分别调整至合适的大小后进行倒影效果的制作，如图 2-46 所示。

14. 选择工具，在导入图像的下方输入如图 2-47 所示的白色文字。

图2-46　导入的图形

图2-47　输入的白色文字

15. 移动鼠标光标至右上角"皇牌"的下方按下鼠标左键并拖曳，绘制出如图 2-48 所示的段落文本框，然后在其内部输入如图 2-49 所示的白色文字。

图2-48　绘制的文本框

图2-49　输入的文字

至此，宣传单封面已设计完成，其整体效果如图 2-50 所示。

图2-50　设计完成的宣传单封面效果

16. 按 Ctrl+S 键，在弹出的【保存绘图】对话框中将此文件命名为 "宣传单.cdr" 保存。

2.4.3　设置裁剪线

作品设置完成后，下面来绘制裁剪线，在绘制之前要先启用【贴齐辅助线】功能。

【步骤解析】

1. 接上例。

2. 执行【视图】/【贴齐辅助线】命令，将此功能启用，即在绘制和移动图形时，图形会以设置的辅助线对齐。

3. 选择 🔍 工具，将鼠标光标移动到画面的左上角位置拖曳，将此区域放大显示，效果如图 2-51 所示。

4. 选择 ✏ 工具，根据设置的辅助线依次在画面中绘制出如图 2-52 所示的裁剪线。

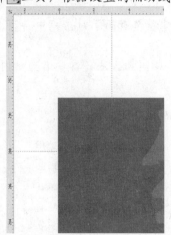

图2-51 放大显示的区域

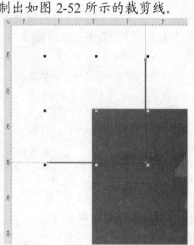

图2-52 绘制的裁剪线

5. 用与步骤 3～4 相同的方法，依次将画面的其他 3 个角放大，并分别绘制裁剪线，效果如图 2-53 所示。

图2-53 绘制的裁剪线

6. 按 Ctrl+S 键，将此文件保存。

2.4.4 添加页面并设置内页

下面为当前文件添加页面，然后设计出内页效果。

【步骤解析】

1. 接上例。

2. 单击页面控制栏中 页1 前面的 ⊞ 按钮，在当前页的后面添加一个页面，然后单击 页1 按钮，将其设置为工作状态。

3. 执行【版面】/【重命名页面】命令，在弹出的【重命名页面】对话框中将页名设置为"封面"，如图 2-54 所示，然后单击 确定 按钮。

4. 单击 页2 将其设置为工作状态，然后用与步骤 3 相同的方法将其命名为"内页"，重命名后的页面控制栏如图 2-55 所示。

图2-54 【重命名页面】对话框 　　　　　　　　　图2-55 重命名后的页面控制栏

5. 按 Ctrl+I 键，在弹出的【导入】对话框中选择附盘中"图库\第 02 章"目录下名为"内页背景.tif"的文件，单击 导入 按钮，当鼠标光标显示为带有文件名称和说明的导入符号时，按 Enter 键，将选择的图像文件导入到页面打印区的居中位置，如图 2-56 所示。

图2-56 导入的内页背景

6. 再次按 Ctrl+I 键，在弹出的【导入】对话框中将附盘中"图库\第 02 章"目录下名为"云纹.tif"的文件导入，调整大小后放置到如图 2-57 所示的位置。

7. 继续按 Ctrl+I 键，在弹出的【导入】对话框中将附盘中"图库\第 02 章"目录下名为"菜.tif"的文件导入，调整大小后放置到如图 2-58 所示的位置。

图2-57　云纹图像放置的位置

图2-58　菜图像放置的位置

8. 选择□工具，然后将鼠标光标放置到"菜"图像的中心位置按下鼠标左键并向右下方拖曳，为图像添加如图 2-59 所示的阴影效果。

9. 用与步骤 7～8 相同的方法，将附盘中"图库\第 02 章"目录下名为"菜 1.tif"的文件导入，然后为其添加如图 2-60 所示的阴影效果。

图2-59　添加的阴影效果

图2-60　导入的菜图像及阴影效果

10. 用与第 2.4.2 小节导入图像并添加投影相同的方法，将附盘中"图库\ 第 02 章"目录下名为"酒盅.tif"、"筷子.tif"和"皇牌.tif"的图像文件导入，然后在"皇牌"图像上添加文字并复制，最终效果如图 2-61 所示。

图2-61　导入的图像

11. 选择[字]工具，用与第 2.4.2 小节输入段落文字相同的方法，依次在画面中输入如图 2-62 所示的文字。

图2-62　输入的文字

12. 用与第 2.4.3 小节相同的设置裁剪线方法，为设置的内页添加裁剪线，效果如图 2-63 所示。

图2-63　添加的裁剪线

13. 至此，宣传单设计完成，按[Ctrl]+[S]键，将此文件保存。

2.5　拓展案例

通过本章的学习，读者自己动手设计出下面的宣传画册和宣传单折页。

2.5.1 设计组装电脑宣传画册

灵活运用【导入】命令及页面控制栏来设计组装电脑的宣传画册，各页面效果如图 2-64 所示。

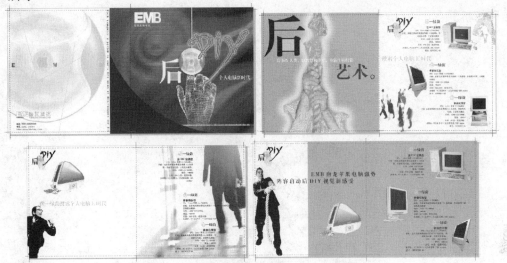

图2-64 设计的宣传画册

【步骤解析】

1. 新建文件，然后设置页面大小。

由于客户要求的最终成品尺寸为 35cm×17.2cm，加上每边要设置 3mm 的出血，所以在设置版面的尺寸时，应该将页面设置为 □356.0 mm □178.0 mm 的大小。

2. 用与第 2.4.1 小节设置辅助线相同的方法，为页面添加如图 2-65 所示的辅助线。

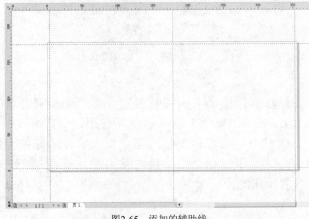

图2-65 添加的辅助线

3. 依次添加页面并重新命名，添加页面并重命名后的页面控制栏如图 2-66 所示。

| 1: 封面、封底 | 2: 内1 | 3: 内2 | 4: 内3 |

图2-66 添加页面并重命名后的页面控制栏

4. 分别将各页面设置为工作状态，并导入相关图像文件，然后添加上裁剪线即可完成画册设计。

2.5.2 设计家具宣传单折页

灵活运用【导入】命令、【钢笔】工具、【交互式透明】工具和【交互式阴影】工具来设计家具的宣传单折页，效果如图 2-67 所示。

【步骤解析】

用与第 2.4 节制作房地产宣传单相同的方法，来设计家具宣传单折页。

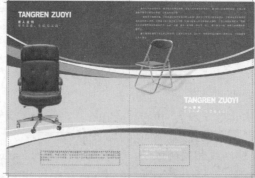

图2-67　设计的宣传单折页

2.6　小结

本章主要学习了文件基本操作、页面背景设置、多页面设置及常用的辅助线设置等命令。这些内容是学习 CorelDRAW X4 的基础，只有在完全掌握这些内容的基础上，才能进一步顺利地学习后面章节中的各种工具与菜单命令。在本章的讲解过程中，分别利用实例的形式对常用命令进行了详细介绍，目的是为了让读者对所学的知识能够实际运用，这对提高读者自身的操作能力有很大的帮助。

第3章 绘图工具——企业 VI 设计

企业 VI 视觉识别设计是企业 CIS 形象识别系统中的一部分。CIS 的主要含义是将企业文化与经营理念统一设计，利用整体表达体系传达给企业内部与公众，使其对企业产生一致的认同感，以形成良好的企业印象，最终促进企业产品和服务的销售。在 CIS 设计中，VI 视觉识别设计最具传播力和感染力，最容易被公众接受，具有重要意义。

本章主要利用 CorelDRAW X4 中的基本绘图工具和【挑选】工具来设计企业的部分 VI，在设计过程中，希望读者在了解 VI 设计的基础上能熟练掌握各种基本绘图工具及【挑选】工具的使用方法和属性设置，并熟练掌握颜色的设置与填充操作。

【学习目标】

- 掌握基本绘图工具的功能及使用方法。
- 掌握基本绘图工具的属性设置。
- 掌握【挑选】工具的使用方法。
- 掌握图形的复制和变换操作。
- 熟悉各种填充与设置颜色的方法。
- 了解企业 VI 设计的组成部分。
- 掌握 VI 设计方法。

3.1 基本绘图工具应用

下面来详细讲解各种基本绘图工具的应用，包括【矩形】工具 □、【3 点矩形】工具 □、【椭圆形】工具 ○、【3 点椭圆形】工具 ○、【多边形】工具 ○、【星形】工具 ☆、【复杂星形】工具 ✿、【图纸】工具 ▦、【螺纹】工具 ◎ 及各种【基本形状】工具。

下面以列表的形式来介绍这几种工具的功能及使用方法。

工具	功能	使 用 方 法
【矩形】工具 □	可以绘制矩形、正方形和圆角矩形	选择 □ 工具（或按 F6 键），然后在绘图窗口中拖曳鼠标光标，释放鼠标左键后，即可绘制出矩形。如按住 Ctrl 键拖曳则可以绘制正方形。双击 □ 工具，可创建一个与页面打印区域相同大小的矩形
【3 点矩形】工具 □	可以直接绘制倾斜的矩形、正方形和圆角矩形	选择 □ 工具后，在绘图窗口中按下鼠标左键不放，然后向任意方向拖曳，确定矩形的宽度，确定后释放鼠标左键，再移动鼠标光标到合适的位置，确定矩形的高度，确定后单击即可完成倾斜矩形的绘制。在绘制倾斜矩形之前，如按住 Ctrl 键拖曳鼠标光标，可以绘制倾斜角为 15° 角倍数的正方形。设置相应的【矩形的边角圆滑度】选项，可直接绘制倾斜的圆角图形

工具	功能	使 用 方 法
【椭圆形】工具	可以绘制圆形、椭圆形、饼形或弧线等	选择 ◯ 工具（或按 F7 键），然后在绘图窗口中拖曳鼠标光标，即可绘制椭圆形；如按住 Shift 键拖曳，可以绘制以鼠标按下点为中心向两边等比例扩展的椭圆形；如按住 Ctrl 键拖曳，可以绘制圆形；如按住 Shift+Ctrl 键拖曳，可以绘制以鼠标按下点为中心，向四周等比例扩展的圆形
【3 点椭圆形】工具	可以直接绘制倾斜的椭圆形	选择 工具后，在绘图窗口中按下鼠标左键不放，然后向任意方向拖曳，确定椭圆一轴的长度，确定后释放鼠标左键，再移动鼠标光标确定椭圆另一轴的长度，确定后单击即可完成倾斜椭圆形的绘制
【多边形】工具	可以绘制多边形图形，在绘制之前可在属性栏中设置绘制图形的边数	选择 ◯ 工具（或按 Y 键），并在属性栏中设置多边形的边数，然后在绘图窗口中拖曳鼠标光标，即可绘制出多边形图形。 【多边形】工具属性栏中的【多边形上的点数】选项 ◇5 用于设置多边形的边数，在文本框中输入数值即可。另外，单击数值后面上方的小黑三角符号，可以增加多边形的边数，每单击一次增加一条。相反，单击下方的小黑三角符号，可以减少多边形的边数，每单击一次就会减少一条
【星形】工具	可以绘制星形图形	选择 工具，并在属性栏中设置星形的边数，然后在绘图窗口中拖曳鼠标光标即可绘制出星形图形
【复杂星形】工具	可以绘制复杂的星形图形	选择 工具，并在属性栏中设置星形的边数，然后在绘图窗口中拖曳鼠标光标即可绘制出复杂的星形图形
【图纸】工具	可以绘制网格图形	选择 工具（或按 D 键），并在属性栏中设置【图纸行和列数】的参数，然后在绘图窗口中拖曳鼠标光标，即可绘制出网格图形
【螺纹】工具	可以绘制螺旋线	选择 工具（或按 A 键），并在属性栏中设置螺旋线的圈数，然后在绘图窗口中拖曳鼠标光标，即可绘制出螺旋线
【基本形状】工具 — 【基本形状】工具 【箭头形状】工具 【流程图形状】工具 【标题形状】工具 【标注形状】工具	用于绘制心形、箭头、流程图、标题及标注等图形	在工具箱中选择相应的工具后，单击属性栏中的【完美形状】按钮（选择不同的工具，该按钮上的图形形状也各不相同），在弹出的【形状】面板中选择需要的形状，然后在绘图窗口中拖曳鼠标光标，即可绘制出形状图形

下面来讲解各工具按钮的属性设置。

一、 【矩形】工具

【矩形】工具的属性栏如图 3-1 所示。

图3-1 【矩形】工具的属性栏

- 【对象位置】：表示当前绘制图形的中心与打印区域坐标（0,0）在水平方向与垂直方向上的距离。调整此选项的数值，可改变矩形的位置。

- 【对象大小】 : 表示当前绘制图形的宽度与高度值。通过调整其数值可以改变当前图形的尺寸。

- 【缩放因素】 : 按照百分数来决定调整图形的宽度与高度值。将数值设置为 "200%" 时，表示将当前图形放大为原来的两倍。

- 【不成比例的缩放/调整比率】按钮 : 激活此按钮，调整【缩放因素】选项中的任意一个数值，另一个数值将不会随之改变。相反，当不激活此按钮时，调整任意一个数值，另一个数值将随之改变。

- 【旋转角度】 : 输入数值并按 Enter 键确认后，可以调整当前图形的旋转角度。

- 【水平镜像】按钮 和【垂直镜像】按钮 : 单击相应的按钮，可以使当前选择的图形进行水平或垂直镜像。

- 【边角圆滑度】 : 控制图形的边角圆滑程度。当激活右上角的【全部圆角】按钮 时，改变其中一个数值，其他 3 个数值将会一起改变，此时绘制矩形的圆角程度相同。反之，则可以设置不同的圆角度。设置不同圆角数值时，矩形演变的形态如图 3-2 所示。

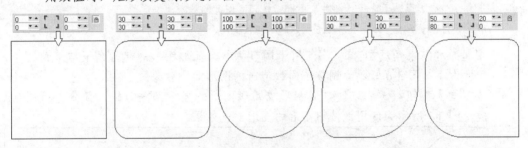

图3-2　设置不同圆角数值时的图形形态

- 【段落文本换行】按钮 : 当图形位于段落文本的上方时，为了使段落文本不被图形覆盖，可以使用此按钮中包含的其他功能将段落文本与图形进行组合，使段落文本绕图排列。

- 【轮廓宽度】 : 在该下拉列表中选择图形需要的轮廓线宽度。当需要的轮廓宽度在下拉列表中没有时，可以直接在键盘中输入需要的线宽数值。图 3-3 所示为无轮廓与设置不同粗细的线宽时图形的对比效果。

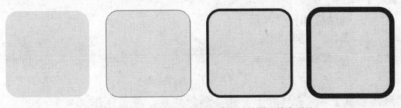

图3-3　设置无轮廓与不同粗细线宽时的图形轮廓对比

- 【到前部】按钮 和【到后部】按钮 : 当绘图窗口中有很多个叠加的图形，要将其中一个图形调整至所有图形的前面或后面时，可先选择该图形，然后分别单击 或 按钮。

- 【转换为曲线】按钮 : 单击此按钮，可以将不具有曲线性质的图形转换成具有曲线性质的图形，以便于对其形态进行调整。

二、【椭圆形】工具

【椭圆形】工具的属性栏如图 3-4 所示。

图3-4　【椭圆形】工具的属性栏

- 【椭圆形】按钮◯：激活此按钮，可以绘制椭圆形。
- 【饼形】按钮◔：激活此按钮，可以绘制饼形图形。
- 【弧形】按钮◜：激活此按钮，可以绘制弧形图形。

在属性栏中依次激活◯按钮、◔按钮和◜按钮，绘制图形的对比效果如图 3-5 所示。

图3-5　选择不同选项时绘制图形的对比效果

> **要点提示**　当有一个椭圆形处于选择状态时，单击◔按钮可使椭圆形变为饼形图形；单击◜按钮可使椭圆形变成为弧形图形，即这 3 种图形可以随时转换使用。

- 【起始和结束角度】：用于调节饼形与弧形图形的起始角至结束角的角度大小。图 3-6 所示为调整不同数值时的图形对比效果。
- 【方向】按钮◷，可以使饼形图形或弧形图形的显示部分与缺口部分进行调换。图 3-7 所示为使用此按钮前后的图形对比效果。

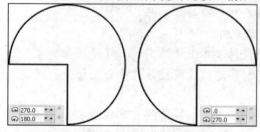

图3-6　调整不同数值时的图形对比效果

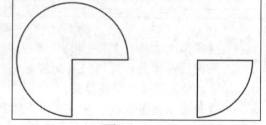

图3-7　使用◷按钮前后的图形对比效果

三、【星形】工具

【星形】工具的属性栏如图 3-8 所示。

图3-8　【星形】工具的属性栏

- 【星形的点数】☆5：用于设置星形的角数。取值范围为"3～500"。
- 【星形的锐度】△53：用于设置星形图形边角的锐化程度，取值范围为"1～99"。图 3-9 所示为分别将此数值设置为"20"和"50"时，星形图形的对比效果。

> **要点提示**　绘制基本星形之后，利用【形状】工具￼选择图形中的任一控制点拖曳，可调整星形图形的锐化程度。

四、【复杂星形】工具

【复杂星形】工具的属性栏与【星形】工具属性栏中的选项参数相同，只是选项的取值范围及使用条件不同。

- 【复杂星形的点数】 ：用于设置复杂星形的角数。取值范围为 "5～500"。
- 【复杂星形的锐度】 ：用于控制复杂星形边角的尖锐程度，此选项只有在点数至少为 "7" 时才可用。此选项的最大数值与绘制复杂星形的边数有关，边数越多，取值范围越大。设置不同的参数时，复杂星形的对比效果如图 3-10 所示。

图3-9 设置不同锐度的星形效果　　　　　　　图3-10 设置不同锐度的复杂星形效果

五、【螺纹】工具

【螺纹】工具的属性栏如图 3-11 所示。

图3-11 【螺纹】工具的属性栏

- 【螺纹回圈】 ：决定绘制螺旋线的圈数。
- 【对称式螺纹】按钮 ：激活此按钮，绘制的螺旋线每一圈之间的距离都会相等。
- 【对数式螺纹】按钮 ：激活此按钮，绘制的螺旋线每一圈之间的距离不相等，是渐开的。

如图 3-12 所示为激活 按钮和 按钮时绘制出的螺旋线效果。

- 当激活【对数式螺纹】按钮时，【螺纹扩展参数】 才可用，它主要用于调节螺旋线的渐开程度。数值越大，渐开的程度越大。图 3-13 所示为设置不同的【螺纹扩展参数】时螺旋线的对比效果。

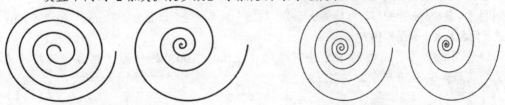

图3-12 绘制出的不同螺旋线效果　　　　　图3-13 设置不同的【螺纹扩展参数】时螺旋线的对比效果

六、【基本形状】工具

下面以【基本形状】工具 为例来讲解其属性栏，如图 3-14 所示。

图3-14 【基本形状】工具的属性栏

- 【完美形状】按钮 ：单击此按钮，将弹出如图 3-15 示的【形状】面板，在此面板中可以选择要绘制图形的形状。

当选择 工具、 工具、 工具或 工具时，属性栏中的完美形状按钮将以不同的形态存在，分别如图 3-16 所示。

图3-15　【形状】面板　　　　　　　　　　　　　图3-16　其他形状工具的【形状】面板

【箭头形状】　　【流程图形状】　　【标题形状】　　【标注形状】

- 【轮廓样式选择器】按钮 ：设置绘制图形的外轮廓线样式。单击此按钮，将弹出如图 3-17 所示的【轮廓样式】面板。在【轮廓样式】面板中，选择不同的外轮廓线样式，绘制出的形状图形外轮廓效果如图 3-18 所示。

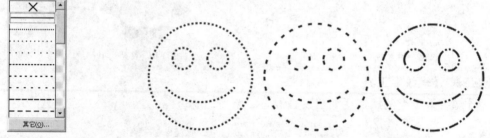

图3-17　【轮廓样式】面板　　　　　　　　图3-18　设置不同轮廓线样式时绘制的图形轮廓效果

> **要点提示**　当在【轮廓样式】选项面板中单击 其它(O)... 按钮时，将弹出【编辑线条样式】对话框，在此对话框中可以编辑外轮廓线的样式。

3.1.1　名片设计

下面主要利用【矩形】工具和【文本】工具及菜单栏中的【效果】/【图框精确剪裁】命令来设计名片。

【步骤解析】

1. 按 Ctrl + N 键新建一个图形文件。
2. 利用 工具绘制一个矩形，然后将属性栏中 的参数分别设置为 "90 mm" 和 "55 mm"，设置的名片大小如图 3-19 所示。
3. 继续利用 工具在图形的下方绘制绿色（C:100,Y:100）的矩形，然后将其外轮廓去除，效果如图 3-20 所示。

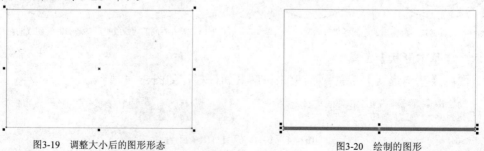

图3-19　调整大小后的图形形态　　　　　　　　图3-20　绘制的图形

4. 按 Ctrl+I 键，将附盘中"图库\第 03 章"目录下名为"标志.cdr"的图形导入，然后调整合适的大小后放置到如图 3-21 所示的位置。

5. 将标志图形中除文字外的所有图形选择后移动复制，并为复制出的图形填充绿色（C:100,Y:100），如图 3-22 所示，然后按 Ctrl+G 键将其群组。

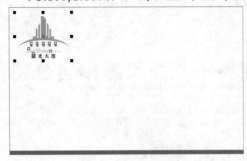

图3-21　图形放置的位置

图3-22　复制出的图形

6. 执行【效果】/【图框精确剪裁】/【放置在容器中】命令，此时鼠标光标将显示为 ➡ 图标。然后将鼠标光标移动到如图 3-23 所示的矩形上并单击，将标志图形置于矩形中。

7. 执行【效果】/【图框精确剪裁】/【编辑内容】命令，此时系统会把容器之外的所有内容在绘图窗口中隐藏，而只显示容器中的内容。

8. 选择 🔲 工具，将属性栏中的 标准 设置为"标准"，⊢━━┃ 90 的参数设置为"90"，为图形添加交互式透明效果，如图 3-24 所示。

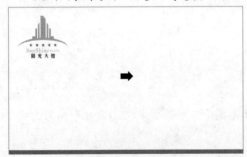

图3-23　鼠标光标单击的位置

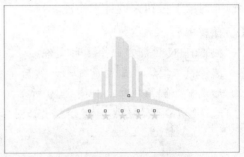

图3-24　添加的交互式透明效果

9. 利用 🔲 工具将图形调整至如图 3-25 所示的大小及位置，然后单击绘图窗口左下角的 完成编辑对象 按钮，完成对图片的编辑，效果如图 3-26 所示。

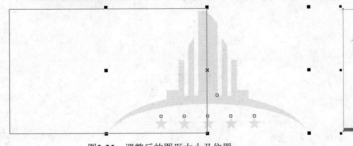

图3-25　调整后的图形大小及位置

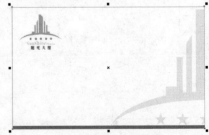

图3-26　编辑内容后的效果

10. 利用 🔲 工具和 🔲 工具，依次绘制出如图 3-27 所示的绿色（C:100,Y:100）矩形和直线。

11. 选择 字 工具，依次输入如图 3-28 所示的黑色文字，完成名片的设计。

图3-27　绘制的矩形和直线

图3-28　输入的文字

12. 按 Ctrl+S 键，将此文件命名为"名片.cdr"保存。

3.1.2　工作证设计

本例主要运用【矩形】工具、【手绘】工具和【轮廓笔对话框】工具及属性栏中的【移除前面对象】按钮来设计工作证。

【步骤解析】

1. 按 Ctrl+N 键新建一个图形文件。
2. 选择 □ 工具，绘制白色矩形，然后将属性栏中 [图标] 的参数均设置为"12"，将矩形调整为圆角矩形，如图 3-29 所示。
3. 选择 ○ 工具，按住 Ctrl 键绘制出如图 3-30 所示的圆形，然后将其与圆角矩形同时选择。

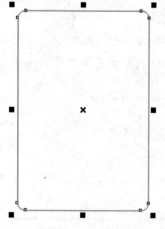

图3-29　设置圆角后的图形形态

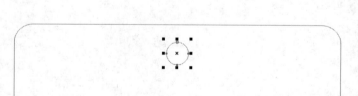

图3-30　绘制的图形

4. 单击属性栏中的 [按钮] 按钮，用小圆形在大的圆角矩形上修建一个小圆孔，如图 3-31 所示。
5. 按 Ctrl+I 键，将附盘中"图库\第 03 章"目录下名为"标志.cdr"的图片导入，然后用与第 3.1.1 小节中步骤 5～8 相同的方法，将标志放置到圆角矩形中，如图 3-32 所示。

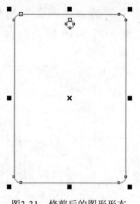

图3-31　修剪后的图形形态

图3-32　置于容器后的标志

6. 利用 ▢ 工具绘制出如图 3-33 所示的矩形，然后选择 ◊ 工具，弹出【轮廓笔】对话框，设置各选项及参数，如图 3-34 所示。

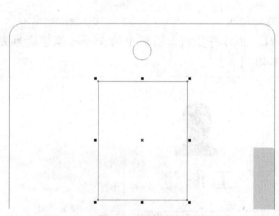

图3-33　绘制的图形

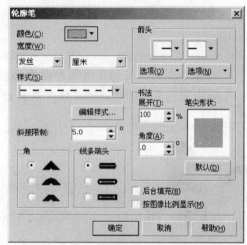

图3-34　【轮廓笔】对话框

7. 单击 确定 按钮，设置轮廓属性后的图形如图 3-35 所示。

8. 按 Ctrl+I 键，将附盘中"图库\第 03 章"目录下名为"人像.ai"的图像导入到当前绘图窗口中，为其填充黑色，然后按 Ctrl+U 键将其群组取消，然后将女士头像调整至合适的大小后放置到如图 3-36 所示的位置。

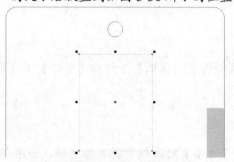

图3-35　设置轮廓属性后的图形效果

图3-36　女士头像放置的位置

9. 利用 ✎ 工具依次绘制出如图 3-37 所示的直线，然后利用 字 工具依次输入如图 3-38 所示的黑色文字，完成工作证的正面设计。

10. 将工作证的正面图形向右移动复制，并将复制出图形中间的头像和文字图形删除，然后将"标志.cdr"文件再次导入，调整合适大小后放置到如图 3-39 所示的位置，完成工作证的背面设计。

图3-37　绘制的直线　　　　　　　　图3-38　输入的文字　　　　　　　　图3-39　图形放置的位置

11. 将工作证的正面和背面图形向右移动复制，然后将复制出图形中的女士头像替换为男士头像，完成工作证的设计，效果如图 3-40 所示。

图3-40　设计完成的工作证

12. 按 Ctrl+S 键，将此文件命名为"工作证.cdr"保存。

3.1.3　标识牌设计

本例主要运用【矩形】工具、【形状】工具、【轮廓笔对话框】工具和【度量】工具来设计标识牌。

【步骤解析】

1. 按 Ctrl+N 键新建一个图形文件。
2. 执行【版面】/【页面设置】命令，在弹出的【选项】对话框中设置各选项，如图 3-41 所示，然后单击 确定 按钮。

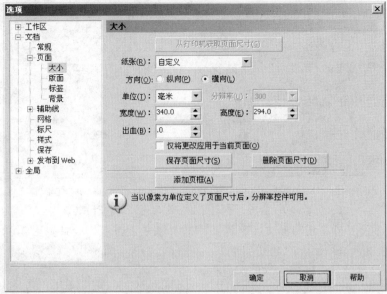

图3-41 【选项】对话框

3. 利用□工具绘制橘红色（M:60,Y:100）的矩形，并将属性栏中 ⟦69.0 mm / 207.0 mm⟧ 的参数分别设置为 "69 mm" 和 "207 mm"。

4. 单击属性栏中的 ⊙ 按钮，将矩形转换为具有曲线的可编辑性质，然后利用 ⟨ 工具将图形调整至如图 3-42 所示的形态。

5. 利用□工具绘制一绿色（C:50,Y:100）的矩形，并将属性栏中 ⟦69.0 mm / 201.5 mm⟧ 选项的参数分别设置为 "69 mm" 和 "201.5 mm"，调整矩形的大小，然后将其放置到如图 3-43 所示的位置。

6. 继续利用□工具，绘制出如图 3-44 所示的黑色长条矩形。

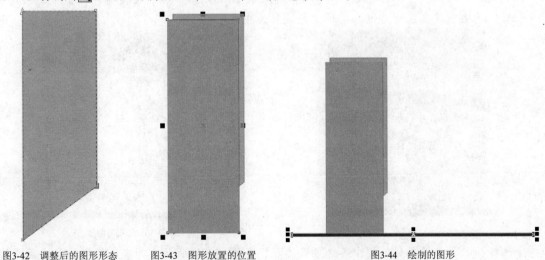

图3-42 调整后的图形形态　　　图3-43 图形放置的位置　　　　　图3-44 绘制的图形

7. 按 Ctrl+I 键，将 "标志.cdr" 的图形导入到当前绘图窗口中，并将其调整至合适的大小后放置到如图 3-45 所示的位置，然后将上方的橘红色图形选择。

8. 选择 ⟨ 工具，弹出【轮廓笔】对话框，设置各选项及参数，如图 3-46 所示。

图3-45　图形放置的位置

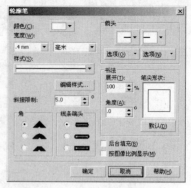

图3-46　【轮廓笔】对话框

9. 单击 确定 按钮，设置轮廓属性后的图形效果如图 3-47 所示。

10. 将标志下方的五角星图形和文字选择，并为其填充上白色，效果如图 3-48 所示。

图3-47　设置轮廓属性后的图形效果

图3-48　修改填充色后的效果

11. 将标志中除文字外的所有图形选择后移动复制，并为复制出的图形填充白色，然后利用【放置在容器中】命令，将其放置到矩形中，如图 3-49 所示。

12. 利用 □ 工具绘制出如图 3-50 所示的灰色（K:10）矩形，然后在【调色板】中的"10% 黑"色块上单击鼠标右键，将轮廓色设置为灰色。

图3-49　置入容器后的图形效果

图3-50　绘制的图形

13. 选择 ⬚ 工具，设置属性栏中各选项及参数，如图 3-51 所示，为灰色矩形添加交互式透明效果，如图 3-52 所示。

图3-51　【交互式透明】工具的属性栏

14. 选择工具，按住 Ctrl 键，绘制出如图 3-53 所示的圆形。

图3-52 添加交互式透明后的图形效果

图3-53 绘制的图形

15. 选择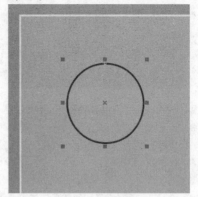工具，弹出【渐变填充】对话框，设置各选项及参数，如图 3-54 所示，然后单击 确定 按钮，填充渐变色后的图形效果如图 3-55 所示。

图3-54 【渐变填充】对话框

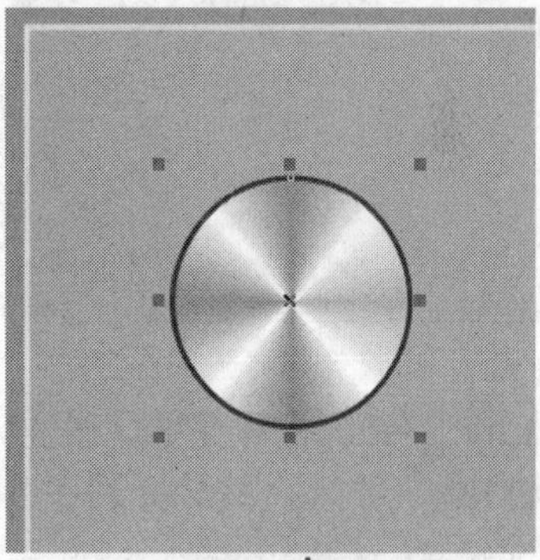

图3-55 填充渐变色后的图形效果

16. 将圆形移动复制，并分别将复制出的图形放置到如图 3-56 所示的位置。

17. 利用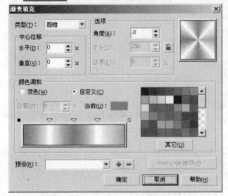工具和工具，依次绘制出如图 3-57 所示的黑色直线和橘红色（M:60,Y:100）矩形。

图3-56 图形放置的位置

图3-57 绘制出的图形

18. 利用工具依次输入如图 3-58 所示的文字。

19. 利用工具，绘制出如图 3-59 所示的指示牌侧面图形。

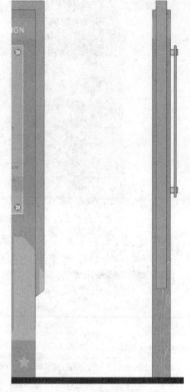

图3-58 输入的文字

图3-59 绘制出的侧面图形

20. 按 Ctrl+I 键，将附盘中"图库\第 03 章"目录下名为"图纸.psd"和"人物.cdr"的图形文件依次导入，然后分别将其调整至合适的大小后放置到如图 3-60 所示的位置。

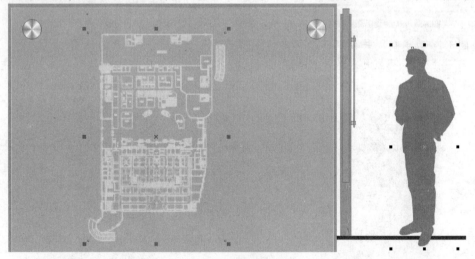

图3-60 图形放置的位置

21. 利用 ⬚ 工具、⬚ 工具和 字 工具，依次绘制图形，并输入如图 3-61 所示的文字。
   下面为指示牌图形添加标注并添加说明文字。

22. 选择 ⬚ 工具，按住 Ctrl 键，在画面中由左至右绘制出如图 3-62 所示的黑色直线。

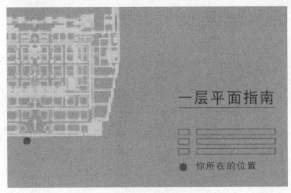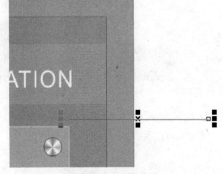

图3-61　绘制的图形及输入的文字　　　　图3-62　绘制的直线

23. 单击属性栏中的□·按钮，在弹出的【箭头选择】面板中选择如图 3-63 所示的箭头样式，设置起始处的箭头样式后的直线效果如图 3-64 所示。

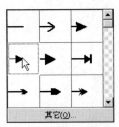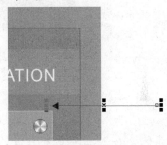

图3-63　【箭头选择】面板　　　　图3-64　设置箭头样式后的直线效果

24. 将直线垂直向下移动复制，然后利用字工具依次输入如图 3-65 所示的黑色文字。
25. 选择字工具，在属性栏中的【字体列表】中选择 "Arial"，在弹出的【文本属性】对话框中单击　确定　按钮。
26. 将属性栏中的【字体大小】设置为 "14"，在再次弹出的【文本属性】对话框中单击　确定　按钮，将文字的默认字体及字号修改。
27. 选择工具，激活属性栏中的按钮，然后将鼠标光标移动至如图 3-66 所示的位置单击，确定标注的第 1 点。

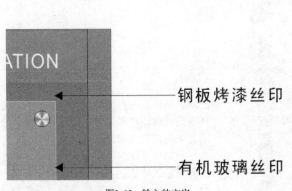

图3-65　输入的文字　　　　图3-66　鼠标光标单击的位置

28. 再将鼠标光标移动至如图 3-67 所示的位置单击，确定标注的终点。

图3-67 鼠标光标单击的位置

29. 移动鼠标光标来确定标注文字的位置，如图 3-68 所示，单击鼠标左键后完成对图形的尺寸标注操作，如图 3-69 所示。

图3-68 确认标注文字的位置

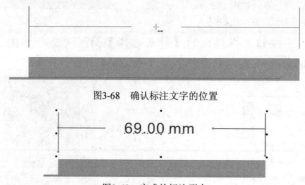

图3-69 完成的标注形态

30. 用与步骤 26～28 相同的标注方法，给标识牌标注尺寸，如图 3-70 所示。

31. 利用 工具和 字 工具，在标识牌的右上角位置依次绘制并输入如图 3-71 所示的黑色直线和文字。

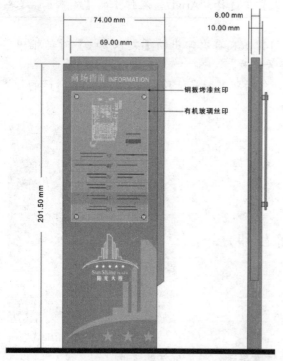

图3-70 标注后的尺寸

说明

此标识牌放置于商场西、南两个次入口处，对商场楼层功能布局有个详细的介绍，让顾客可迅速而准确地寻找到自己要去的地方，带动人流。内容采用玻璃丝印，考虑到有可能改变经营内容，后期便于更换。为照顾到所有顾客的实际情况，不同的区域应以图形+文字说明+颜色以示区分。

图3-71 绘制的图形及输入的文字

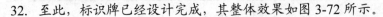

32. 至此，标识牌已经设计完成，其整体效果如图 3-72 所示。

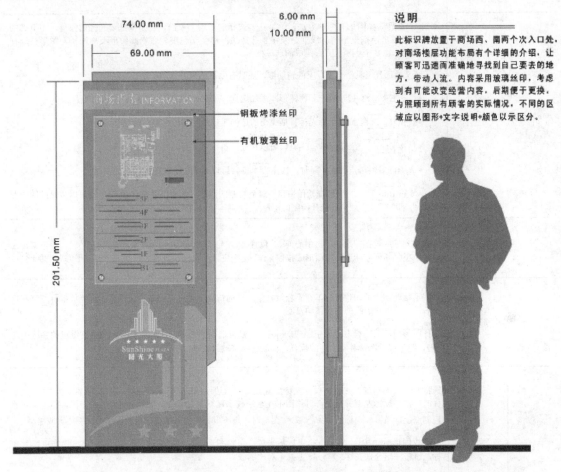

图3-72　设计完成的标识牌

33. 按 Ctrl + S 键，将此文件命名为"标识牌.cdr"保存。

3.2　挑选工具应用

【挑选】工具的主要功能是选择对象，并对其进行移动、复制、缩放、旋转或扭曲等操作。

> **要点提示**　使用工具箱中除【文字】工具外的任何一个工具时，按一下空格键，可以将当前使用的工具切换为【挑选】工具。再次按空格键，可恢复为先前使用的工具。

利用上一节学过的几种绘图工具随意绘制一些图形，然后根据下面的讲解来学习【挑选】工具的使用方法。在学习过程中，读者最好动手试一试，以便更好地理解和掌握书中的内容。如果绘图窗口乱七八糟时，可双击工具，将所有图形全部选择，然后按 Delete 键清除。下面以列表的形式来具体讲解【挑选】工具的使用方法。

功能		使 用 方 法
选择图形		利用 工具选择图形有两种方法，一是在要选择的图形上单击，二是框选要选择的图形。用框选的方法选择图形，拖曳出的虚线框必须将要选择的图形全部包围，否则此图形不被选择。图形被选择后，将显示由 8 个小黑色方形组成的选择框
		【挑选】工具结合键盘上的辅助键，还具有以下选择方式
		• 按住 Shift 键，单击其他图形即添加选择，如单击已选择的图形则为取消选择
		• 按住 Alt 键拖曳鼠标光标，拖曳出的选框所接触到的图形都会被选择
		• 按 Ctrl+A 键或双击 工具，可以将绘图窗口中所有的图形同时选择
		• 当许多图形重叠在一起时，按住 Alt 键，可以选择最上层图形后面的图形
		• 按 Tab 键，可以选择绘图窗口中最后绘制的图形。如果继续按 Tab 键，则可以按照绘制图形的顺序，从后向前选择绘制的图形
移动图形		将鼠标光标放置在被选择图形中心的 × 位置上，当鼠标光标显示为四向箭头图标 ✛ 时，按下鼠标左键并拖曳，即可移动选择的图形。按住 Ctrl 键拖曳鼠标光标，可将图形在垂直或水平方向上移动
复制图形		将图形移动到合适的位置后，在不释放鼠标左键的情况下单击鼠标右键，然后同时释放鼠标左键和鼠标右键，即可将选择的图形移动复制
		选择图形后，按键盘右侧数字区中的 + 键，可以将选择的图形在原位置复制。如按住键盘数字区中的 + 键，将选择的图形移动到新的位置，释放鼠标左键后，也可将该图形移动复制
变换图形	缩放	选择要缩放的图形，然后将鼠标光标放置在图形四边中间的控制点上，当鼠标光标显示为 ↔ 或 ↕ 图标时，按下鼠标左键并拖曳，可将图形在水平或垂直方向上缩放。将鼠标光标放置在图形四角位置的控制点上，当鼠标光标显示为 ↖ 或 ↗ 图标时，按下鼠标左键并拖曳，可将图形等比例放大或缩小
		在缩放图形时如按住 Alt 键拖曳鼠标光标，可将图形进行自由缩放；如按住 Shift 键拖曳鼠标光标，可将图形分别在 X、Y 或 XY 方向上对称缩放
	旋转	在选择的图形上再次单击，图形周围的 8 个小黑点将变为旋转和扭曲符号。将鼠标光标放置在任一角的旋转符号上，当鼠标光标显示为 ↻ 图标时拖曳鼠标光标，即可对图形进行旋转。在旋转图形时，按住 Ctrl 键可以将图形以 15° 角的倍数进行旋转
	扭曲	在选择的图形上再次单击，然后将鼠标光标放置在图形任意一边中间的扭曲符号上，当鼠标光标显示为 ⇌ 或 ⇅ 图标时拖曳鼠标光标，即可对图形进行扭曲变形
	镜像	镜像图形就是将图形在垂直、水平或对角线的方向上进行翻转。选择要镜像的图形，然后按住 Ctrl 键，将鼠标光标移动到图形周围任意一个控制点上，按下鼠标左键并向对角方向拖曳，当出现蓝色的线框时释放鼠标左键，即可将选择的图形镜像

要点提示 利用【挑选】工具对图形进行移动、缩放、旋转、扭曲和镜像操作时，至合适的位置或形态后，在不释放鼠标左键的情况下单击鼠标右键，可以将该图形以相应的操作复制。

　　【挑选】工具的属性栏根据选择对象的不同，显示的选项也各不相同。具体分为以下几种情况。

一、 选择单个对象的情况下

　　利用 工具选择单个对象时，【挑选】工具的属性栏将显示该对象的属性选项。如选择矩形，属性栏中将显示矩形的属性选项。此部分内容在讲解相应的工具按钮时会进行详细讲解，在此不进行总结。

二、 选择多个图形的情况下

利用 工具同时选择两个或两个以上的图形时，属性栏的状态如图 3-73 所示。

图3-73　【挑选】工具的属性栏

- 【结合】按钮 ：单击此按钮，或执行【排列】/【结合】命令（快捷键为 Ctrl+L），可将选择的图形结合为一个整体。

> 要点提示　利用 工具选择结合图形后，单击属性栏中的【打散】按钮，或执行【排列】/【打散】命令（快捷键为 Ctrl+K），可以将结合后的图形拆分。

- 【群组】按钮：单击此按钮，或执行【排列】/【群组】命令（快捷键为 Ctrl+G），也可将选择的图形结合为一个整体。

> 要点提示　当给群组的图形添加【变换】及其他命令操作时，被群组的每个图形都将会发生改变，但是群组内的每一个图形之间的空间关系不会发生改变。

【群组】和【结合】都是将多个图形合并为一个整体的命令，但两者组合后的图形有所不同。【群组】只是将图形简单地组合到一起，其图形本身的形状和样式并不会发生变化；【结合】是将图形链接为一个整体，其所有的属性都会发生变化，并且图形和图形的重叠部分将会成为透空状态。图形群组与结合后的形态如图 3-74 所示。

图3-74　原图与群组、结合后的图形形态

- 【取消群组】按钮：当选择群组的图形时，单击此按钮，或执行【排列】/【取消群组】命令（快捷键为 Ctrl+U），可以将多次群组后的图形一级级取消。
- 【取消全部群组】按钮：当选择群组的图形时，单击此按钮，或执行【排列】/【取消全部群组】命令，可将多次群组后的图形一次分解。
- 图形的修整按钮：单击相应的按钮，可以对选择的图形执行相应的修整命令，分别为焊接、修剪、相交、简化、移除后面对象、移除前面对象和创建围绕选定对象的新对象按钮。
- 【对齐和分布】按钮：设置图形与图形之间的对齐和分布方式。此按钮与【排列】/【对齐和分布】命令的功能相同。单击此按钮将弹出【对齐与分布】对话框。

> 要点提示　利用【对齐和分布】命令对齐图形时必须选择两个或两个以上的图形；利用该命令分布图形时必须选择 3 个或 3 个以上的图形。

【对齐】选项卡中各选项的功能如图 3-75 所示。

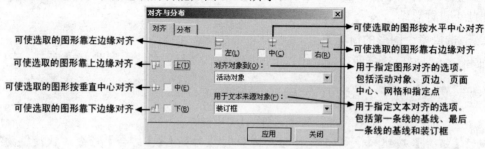

图3-75 【对齐】选项的功能

单击左上方的【分布】选项卡，可切换到【分布】选项卡，其中各选项的功能如图 3-76 所示。

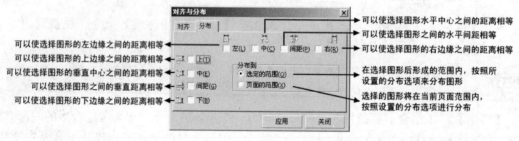

图3-76 【分布】选项的功能

3.2.1 标志设计

下面灵活运用○工具、□工具、▸工具和各种复制操作来设计标志图形。

【步骤解析】

1. 按 Ctrl+N 键新建一个图形文件。
2. 利用○工具绘制一椭圆形，然后将属性栏中 [90.0 mm / 40.0 mm] 的参数分别设置为 "90 mm" 和 "40 mm"，调整椭圆形大小后的图形形态，如图 3-77 所示。
3. 按住 Ctrl 键，在椭圆形上按住鼠标左键并向下拖曳，至合适的位置后在不释放鼠标左键的情况下单击鼠标右键，将其垂直向下移动复制，状态如图 3-78 所示。

图3-77 调整大小后的图形形态   图3-78 移动复制图形时的状态

4. 将属性栏中 [90.0 mm / 30.0 mm] 的参数分别设置为 "90 mm" 和 "30 mm"，调整复制出椭圆形的大小，然后将其垂直向上移动至如图 3-79 所示的位置。
5. 选择▸工具，在椭圆形的左上角，按住鼠标左键并向右下角拖曳，将两个椭圆形框选，状态如图 3-80 所示。

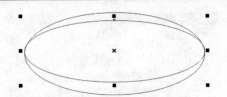

图3-79 图形放置的位置

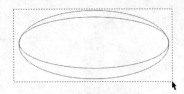

图3-80 框选图形时的状态

6. 单击属性栏中的按钮，将选择的图形进行修剪，然后将中间的椭圆形删除，修剪后的图形形态如图 3-81 所示。

7. 执行【排列】/【打散曲线】命令，将修剪后的图形拆分，然后将下方的图形删除，剩余的图形形态如图 3-82 所示。

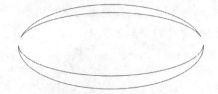

图3-81 修剪后的图形形态

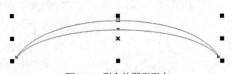

图3-82 剩余的图形形态

8. 利用□工具绘制出如图 3-83 所示的矩形，然后单击属性栏中的按钮，将其转换为曲线图形。

9. 选择工具，将鼠标光标移动到矩形的左上角位置，按住鼠标左键并向右下角拖曳，将此区域放大显示，状态如图 3-84 所示。

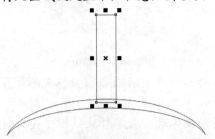

图3-83 绘制的图形

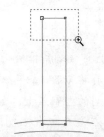

图3-84 放大图形时的状态

10. 选择工具，在如图 3-85 所示的位置双击，添加一个节点，然后将图形右上角的节点向下调整至如图 3-86 所示的位置。

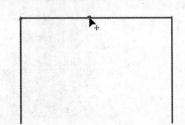

图3-85 添加的节点

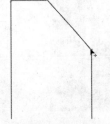

图3-86 调整后的节点位置

11. 将图形全部选择，然后将鼠标光标移动到【调色板】中的"橘红"颜色上单击，为选择的图形填充橘红色，效果如图 3-87 所示。

12. 单击属性栏中的按钮，在弹出的【对齐与分布】对话框中勾选如图 3-88 所示的复选项。

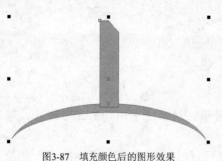

图3-87 填充颜色后的图形效果

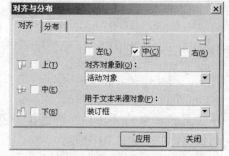

图3-88 【对齐与分布】对话框

13. 依次单击 应用 和 关闭 按钮，将选择的图形在水平方向上居中对齐。

14. 单击属性栏中的 按钮，将对齐后的图形焊接为一个整体，效果如图 3-89 所示，然后利用 工具和 工具，依次绘制并调整出如图 3-90 所示的橘红色图形。

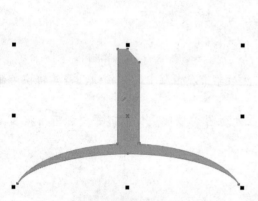

图3-89 焊接后的图形形态

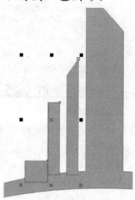

图3-90 绘制的图形

15. 利用 工具将步骤 14 中绘制的图形全部选择，然后按住 Ctrl 键，将鼠标光标放置到选框左侧中间的控制点上，如图 3-91 所示。

16. 按下鼠标左键并向右拖曳，进行水平镜像，图形镜像后，在不释放鼠标左键的情况下单击鼠标右键，镜像复制图形，状态如图 3-92 所示。

17. 将复制出的图形水平向右移动至如图 3-93 所示的位置。

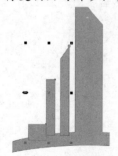

图3-91 鼠标光标放置的位置

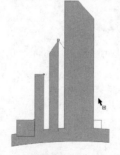

图3-92 镜像复制图形时的状态

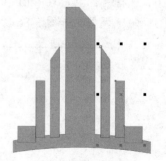

图3-93 图形放置的位置

18. 将图形全部选择，然后单击属性栏中的 按钮，将选择的图形焊接为一个整体，效果如图 3-94 所示。

19. 在【调色板】上方的 图标上单击鼠标右键，将图形的外轮廓线去除，效果如图 3-95 所示。

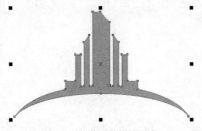

图3-94 焊接后的图形形态   图3-95 去除外轮廓线后的图形效果

20. 选择 工具，按住 `Ctrl` 键，绘制出如图 3-96 所示的五角星图形，并为其填充绿色（C:100,Y:100）。

21. 在【调色板】中的"淡黄"色块上单击鼠标右键，将图形的外轮廓线颜色设置为淡黄色，效果如图 3-97 所示。

22. 按住 `Ctrl` 键，在五角星图形上按住鼠标左键并向右拖曳，至合适的位置后在不释放鼠标左键的情况下单击鼠标右键复制图形，状态如图 3-98 所示。

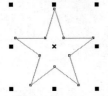 

图3-96 绘制的图形   图3-97 设置轮廓色后的图形效果   图3-98 移动复制图形时的状态

23. 依次按 `Ctrl`+`R` 键，重复复制五角星图形，效果如图 3-99 所示，然后将五角星全部选择后按 `Ctrl`+`G` 键群组。

图3-99 重复复制出的图形

24. 将五角星图形调整至合适的大小后放置到橘红色图形的下方位置，然后将其与橘红色图形同时选择。

25. 单击属性栏中的 按钮，在弹出的【对齐与分布】对话框中勾选如图 3-100 所示的复选项。

26. 依次单击 应用 和 关闭 按钮，将选择的图形在水平方向上居中对齐，对齐后的图形形态如图 3-101 所示。

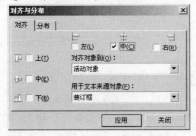

图3-100 【对齐与分布】对话框

图3-101 对齐后的图形形态

27. 利用 字 工具在五角星图形的下方依次输入如图 3-102 所示的英文字母和文字，即可完成标志的设计。

图3-102　设计完成的标志图形

28.　按 Ctrl+S 键，将此文件命名为"标志.cdr"保存。

3.2.2　文化伞设计

文化伞是企业 VI 系统中必不可少的设计内容，下面来学习文化伞的绘制方法。

【步骤解析】

1.　按 Ctrl+N 键新建一个图形文件。

2.　选择 工具，然后按住 Ctrl 键绘制出如图 3-103 所示的直线。

图3-103　绘制出的直线

3.　依次单击属性栏中的 和 按钮，在弹出的【起始箭头选择器】和【终止箭头选择器】面板中分别选择如图 3-104 所示的箭头，在直线两端添加箭头后的效果如图 3-105 所示。

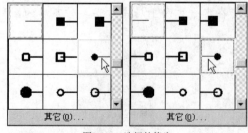

图3-104　选择的箭头　　　　　　　　　　　图3-105　在直线两端添加箭头后的效果

4.　利用 工具将线选择，在线上再次单击，使其周围出现如图 3-106 所示旋转和扭曲符号。

5.　按住 Ctrl 键，在右上角的旋转符号上按下鼠标左键向下拖曳，当属性栏中 315.0 ° 的值显示为"315°"时，在不释放鼠标左键的情况下单击鼠标右键，将选择的线形旋转复制，其状态及复制出的线分别如图 3-107 和图 3-108 所示。

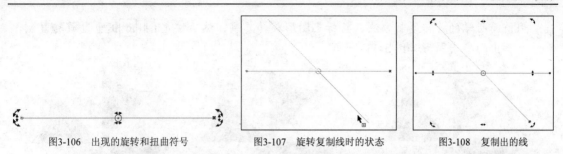

图3-106 出现的旋转和扭曲符号　　图3-107 旋转复制线时的状态　　图3-108 复制出的线

6. 连续两次按 Ctrl+R 键，将线重复复制，复制出的线如图 3-109 所示。
7. 选择 工具，绘制一个三角形并将其移动至如图 3-110 所示的位置。
8. 利用 工具，将三角形中的节点全部选择，然后单击属性栏中的 按钮，将图形中的线段转换为曲线段，并将其调整至如图 3-111 所示的形态。

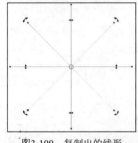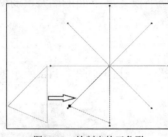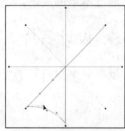

图3-109 复制出的线形　　图3-110 绘制出的三角形　　图3-111 调整后的图形形态

9. 利用 工具，在选择的三角形上再次单击，使其周围出现旋转和扭曲符号，然后按住 Ctrl 键，将旋转中心移动到如图 3-112 所示位置。
10. 用与步骤 5 相同的方法，将绘制并调整后的三角形旋转复制，复制出的图形如图 3-113 所示。
11. 连接按 6 次 Ctrl+R 键，将图形重复复制，复制出的图形如图 3-114 所示。

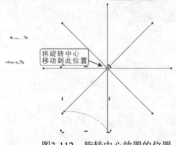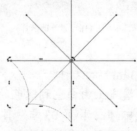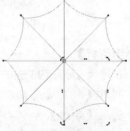

图3-112 旋转中心放置的位置　　图3-113 复制出的图形　　图3-114 重复复制出的图形

12. 选择 工具，按住 Shift 键将第 2 个、第 4 个、第 6 个、8 个三角图形同时选择，然后为其填充绿色（C:100,Y:100），如图 3-115 所示。
13. 将标志标准组合复制粘贴到当前页面中，调整至适当的大小后放置到如图 3-116 所示的位置。

14. 用前面所学的旋转复制方法，将标志图形旋转复制，然后按 Ctrl+R 键重复旋转复制，复制出的标志图形如图 3-117 所示。

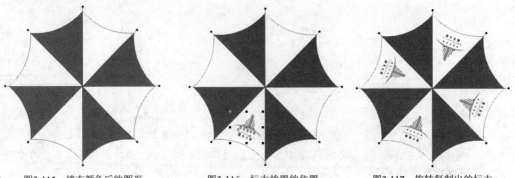

图3-115　填充颜色后的图形　　　　图3-116　标志放置的位置　　　　图3-117　旋转复制出的标志

15. 至此，文化伞效果绘制完成。按 Ctrl+S 键，将此文件命名为"文化伞.cdr"保存。

3.3　拓展案例

通过本章的学习，读者自己动手设计出下面的名片和标识牌。

3.3.1　设计名片

根据对本章内容的学习和理解，设计出如图 3-118 所示的名片。

图3-118　设计的名片

【步骤解析】

1. 新建大小为"90 mm"和"55 mm"的文件。
2. 利用【渐变填充】工具给图形填充上由白色到绿色的渐变色。
3. 利用【导入】命令，导入附盘中"图库\第 03 章"目录下名为"茶壶.psd"的图片。
4. 利用【文本】工具输入文字，即可完成名片的设计。

3.3.2　设计标识牌

根据对本章标识牌的学习，设计出如图 3-119 所示的标识牌。

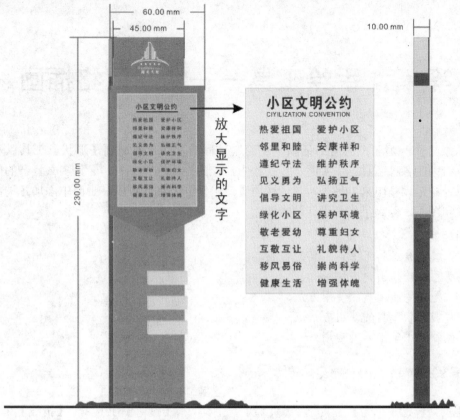

图3-119　设计的标识牌

【步骤解析】

其绘制方法与本章 3.1.3 小节内容基本相同。

3.4　小结

本章主要学习了工具箱中最常用的工具——基本绘图工具和【挑选】工具及图形的颜色设置方法。其中【挑选】工具是作图过程中必不可少的工具，利用该工具选择图形后，可以对选择的图形进行移动、复制、缩放及扭曲变形等操作，希望读者能将其熟练掌握。另外，通过本章中各个小案例的学习，希望读者能熟练掌握每种工具的功能及使用方法，以便在以后使用这些工具绘制图形时能运用自如。

第4章 手绘工具——绘制网络插画

本章来绘制一幅漂亮的网络插画，在绘制过程中，将主要用到【形状】工具以及【手绘】工具组中的各种工具。在实际操作过程中，灵活运用这些工具，无论多么复杂的图形形状都可以轻松地调整出来。另外，灵活运用【艺术笔】工具，可以在画面中添加各种特殊样式的线条和图案，以满足作品设计的需要。

【学习目标】

- 了解手绘工具组中各工具的功能。
- 熟悉手绘插画的方法。
- 掌握各手绘工具的使用方法。
- 掌握形状工具的使用方法。
- 熟悉艺术笔工具的运用。

4.1 手绘工具

手绘工具包括【手绘】工具 🖾、【贝塞尔】工具 🖾、【钢笔】工具 🖾、【折线】工具 🖾、【3 点曲线】工具 🖾、【交互式连线】工具 🖾 和【智能绘图】工具 🖾。

下面以列表的形式来详细讲解各工具绘制直线、曲线和图形的方法。

工　具	使 用 方 法
【手绘】工具 🖾	选择 🖾 工具，在绘图窗口中单击鼠标左键确定第一点，然后移动鼠标光标到适当的位置再次单击确定第二点，即可在这两点之间生成一条直线；如在第二点位置双击，然后继续移动鼠标光标到适当的位置双击确定第三点，依此类推，可绘制连续的线段，当要结束绘制时，可在最后一点处单击；在绘图窗口中拖曳鼠标光标，可以沿鼠标光标移动的轨迹绘制曲线；绘制线形时，当将鼠标光标移动到第一点位置鼠标光标显示为 ┼ 形状时单击，可将绘制的线形闭合，生成不规则的图形
【贝塞尔】工具 🖾	选择 🖾 工具，在绘图窗口中依次单击，即可绘制直线或连续的线段；在绘图窗口中单击鼠标左键确定线的起始点，然后移动鼠标光标到适当的位置再次单击并拖曳，即可在节点的两边各出现一条控制柄，同时形成曲线；移动鼠标光标后依次单击并拖曳，即可绘制出连续的曲线；当将鼠标光标放置在创建的起始点上，鼠标光标显示为 ┼ 形状时，单击即可将线闭合形成图形。在没有闭合图形之前，按 Enter 键、空格键或选择其他工具，即可结束操作生成曲线
【钢笔】工具 🖾	🖾 工具与 🖾 工具的功能及使用方法完全相同，只是【钢笔】工具比【贝塞尔】工具好控制，且在绘制图形过程中可预览鼠标光标的拖曳方向，还可以随时增加或删除节点

续　表

工　具	使 用 方 法
【折线】工具	选择工具，在绘图窗口中依次单击可创建连续的线段；在绘图窗口中拖曳鼠标光标，可以沿鼠标光标移动的轨迹绘制曲线。要结束操作，可在终点处双击；如将鼠标光标移动到创建的第一点位置，当鼠标光标显示为 形状时单击，也可将绘制的线形闭合，生成不规则的图形
【3点曲线】工具	选择工具，在绘图窗口中按下鼠标左键不放，然后向任意方向拖曳，确定曲线的两个端点，至合适位置后释放鼠标左键，再移动鼠标光标确定曲线的弧度，至合适位置后再次单击即可完成曲线的绘制
【智能绘图】工具	选择工具，并在属性栏中设置好【形状识别等级】和【智能平滑等级】选项后，将鼠标光标移动到绘图窗口中自由草绘一些线条（最好有一点规律性），如大体像椭圆形、矩形或三角形等），系统会自动对绘制的线条进行识别、判断，并组织成最接近的几何形状。如果绘制的图形未被转换为某种形状，则系统对其进行平滑处理，转换为平滑曲线

> **要点提示**　在利用【钢笔】工具或【贝塞尔】工具绘制图形时，在没有闭合图形之前，按 Ctrl+Z 键或 Alt+Backspace 键，可自后向前擦除刚才绘制的线段，每按一次，将擦除一段。按 Delete 键，可删除绘制的所有线。另外，在利用【钢笔】工具绘制图形时，按住 Ctrl 键，将鼠标光标移动到绘制的节点上，按下鼠标左键并拖曳，可以移动该节点的位置。

一、属性设置

(1) 【手绘】工具、【钢笔】工具、【折线】工具和【3点曲线】工具的属性栏基本相同，如图4-1所示。

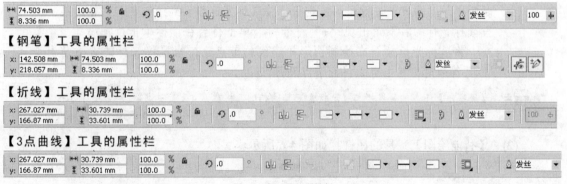

图4-1　各工具的属性栏

- 【起始箭头选择器】按钮：设置绘制线段起始处的箭头样式。单击此按钮，将弹出如图4-2所示的【箭头选项】面板。在此面板中可以选择任意起始箭头样式。使用不同的箭头样式绘制出的直线效果如图4-3所示。当单击【箭头选项】面板中的　　　其它(O)...　　　按钮时，系统将弹出如图4-4所示的【编辑箭头尖】对话框，在此对话框中可以调整箭头的形状。
- 【轮廓样式选择器】按钮：设置图形的外轮廓线或未闭合线形的样式。
- 【终止箭头选择器】按钮：设置绘制线段终点处箭头的样式。其功能及使用方法与【起始箭头选择器】按钮相同。

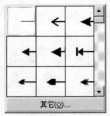

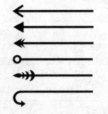

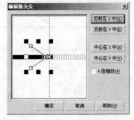

图4-2 【箭头选项】面板　　　图4-3 使用不同的箭头样式绘制的直线效果　　　图4-4 【编辑箭头尖】对话框

- 【自动闭合曲线】按钮 ：选择任意未闭合的线形，单击此按钮，可以通过一条直线将当前未闭合的线形进行连接，使其闭合。
- 【手绘平滑】 100 ：在文本框中输入数值，或单击右侧的 按钮并拖曳弹出的滑块，可以设置绘制线形的平滑程度。数值越小，绘制的图形边缘越不光滑。当设置不同的【手绘平滑】参数时，绘制出的线形态如图4-5所示。

图4-5 设置不同参数时绘制的图形效果对比

- 【预览模式】按钮 ：激活此按钮，在利用【钢笔】工具绘制图形时可以预览绘制的图形形状。
- 【自动添加/删除】按钮 ：激活此按钮，利用【钢笔】工具绘制图形时，可以对图形上的节点进行添加或删除。将鼠标光标移动到绘制图形的轮廓线上，当鼠标光标的右下角出现 "+" 符号时，单击将会在鼠标单击位置添加一个节点；将鼠标光标放置在绘制图形轮廓线的节点上，当鼠标光标的右下角出现 "-" 符号时，单击可以将此节点删除。

> **要点提示** 　【贝塞尔】工具的属性栏与【形状】工具的相同，将在第4.2节中讲解。

(2) 【智能绘图】工具的属性栏如图4-6所示。

图4-6 【智能绘图】工具的属性栏

- 【形状识别等级】：在该下拉列表中设置识别等级，等级越低最终图形越接近手绘形状。
- 【智能平滑等级】：在该下拉列表中设置平滑等级，等级越高最终图形越平滑。

二、 绘制交互式连线

【交互式连线】工具 可以将两个图形（包括图形、曲线、美术文本等）用线连接起来，主要用于流程图的连接。

【交互式连线】工具 的使用方法非常简单，选择 工具，并在属性栏中选择要使用的连接方式，然后将鼠标光标移动到要连接对象的节点上按下鼠标左键，并向另一个对象的节点上拖曳，释放鼠标左键后，即可将两个对象连接，如图4-7所示。

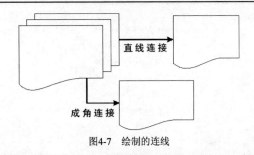

图4-7　绘制的连线

> 如果要把两个对象连接起来，必须将连线连接到对象的对齐点上。当两个对象处于连接状态时，删除其中的一个对象，它们之间的连线也将被删除。利用【选择】工具选择连线，然后按 `Delete` 键可只删除创建的连线。

　　将鼠标光标移动到要连接对象的节点上，按下鼠标左键并向绘图窗口中的任意方向拖曳，释放鼠标左键后，即可将对象与绘图窗口连接。在绘图窗口中的任意位置拖曳鼠标光标，释放鼠标左键后，即可创建连线。此时连线没有连接任何对象，它将作为一条普通的线段存在。

　　【交互式连线】工具的属性栏如图 4-8 所示。

图4-8　【交互式连线】工具的属性栏

- 【成角连接器】按钮：激活此按钮，将鼠标光标移动到绘图窗口中连接对象时，可以将两个对象以折线的形式连接起来。
- 【直线连接器】按钮：激活此按钮，将鼠标光标移动到绘图窗口中连接对象时，可以将两个对象以直线的形式连接起来。

4.1.1　绘制礼品图形

　　下面灵活运用所学工具来绘制礼品图形。

【步骤解析】

1. 新建一个图形文件。
2. 选择工具，然后将鼠标光标移动到页面可打印区中的合适位置单击，确定绘制图形的第 1 点，然后向右移动鼠标光标至如图 4-9 所示的位置单击，确定要绘制的第 2 点。
3. 向右方移动鼠标光标，至如图 4-10 所示的位置再次单击，确定要绘制的第 3 点；依此类推，确定如图 4-11 所示的第 4 点。

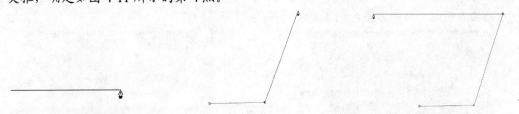

图4-9　确定的第 2 点位置　　　　图4-10　确定的第 3 点位置　　　　图4-11　确定的第 4 点位置

4. 将鼠标光标移动到绘制的第 1 点位置，当鼠标光标显示为如图 4-12 所示的形状时单击即可闭合图形，完成图形的绘制，如图 4-13 所示。

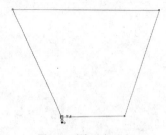

图4-12　鼠标光标形态

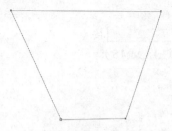

图4-13　绘制的图形

5. 将鼠标光标移动到【调色板】中的"洋红"色块上单击鼠标右键，将绘制图形的轮廓色设置为洋红色，然后将属性栏中 ⬡ 1.5 mm ▾ 的参数设置为"1.5mm"，增大绘制图形的轮廓宽度。

6. 单击 ⬥ 工具，在弹出的工具列表中选择 ▨ 工具，然后在弹出的【均匀填充】对话框中设置颜色参数，如图 4-14 所示。

7. 单击 ▭确定 按钮，绘制图形设置轮廓并填充颜色后的效果如图 4-15 所示。

图4-14　设置的填充颜色

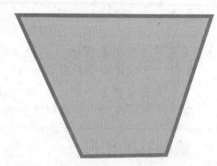

图4-15　设置轮廓并填充颜色后的效果

8. 用与步骤 2～4 相同的绘制图形方法，利用 ▨ 工具绘制出如图 4-16 所示的图形。

要点提示　注意绘制图形的上、下两端最好与下方图形的上下端对齐，这样在下面利用【智能填充】工具 ▨ 为图形填充颜色时就不会出现错误，否则会为下方的整个图形填充颜色。

9. 将鼠标光标移动到【调色板】中的"洋红"色块上单击，为绘制的图形填充洋红色，然后移动鼠标光标至 ⊠ 图标上单击，去除图形的外轮廓。

10. 用与步骤 8～9 相同的方法，再绘制出如图 4-17 所示的横向洋红色图形，注意绘制图形的左右两端要与下方图形的左右端对齐。

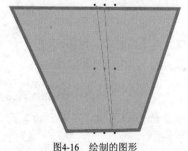

图4-16　绘制的图形

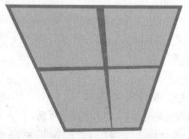

图4-17　绘制的洋红色图形

11. 选择工具，然后单击属性栏中【填充选项】右侧的色块，在弹出的颜色列表中单击 其它(O)... 按钮，在再次弹出的【选择颜色】对话框中将颜色设置为粉蓝色（C:15,M:15）。

12. 单击 确定 按钮，然后设置 工具属性栏中的轮廓选项，如图 4-18 所示。

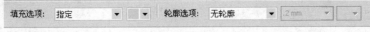

图4-18　设置的属性选项

13. 将鼠标光标移动到左下角的"方格"中单击，为此处填充设置的颜色，效果如图 4-19 所示。

14. 用相同的方法，为右上角的"方格"填充粉蓝色，效果如图 4-20 所示。

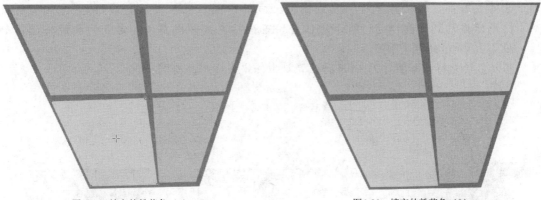

图4-19　填充的粉蓝色（1）　　　　　图4-20　填充的粉蓝色（2）

在图 4-20 中可以看出，利用 工具填充颜色生成的图形将下方图形的一半轮廓线给盖住了，下面利用 工具来进行调整。

15. 选择左下角的"方格"图形，然后选择 工具，并将如图 4-21 所示的两个节点框选。

16. 将鼠标光标放置到选择的节点上，按下鼠标左键并向右拖曳，调整选择节点的位置，状态如图 4-22 所示。

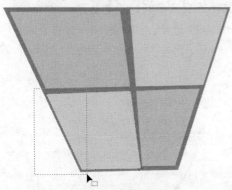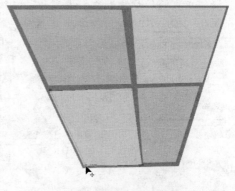

图4-21　框选节点时的状态　　　　　图4-22　移动节点时的状态

17. 至合适的位置后释放鼠标左键，移动节点后露出的下方图形外轮廓如图 4-23 所示。

18. 用相同的方法，对下方的节点向上调整，然后对右上角的"方格"图形进行调整，最终效果如图 4-24 所示。

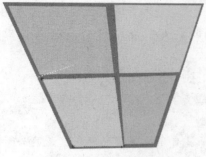

图4-23　移动节点后的效果

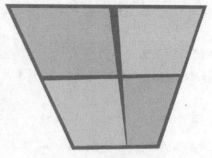

图4-24　图形调整后的效果

礼品绘制完成后，下面来制作绳结效果。

19. 选择 ⬚ 工具，将鼠标光标移动到图形上方的中间位置单击确定第 1 点，然后将鼠标光标移动到如图 4-25 所示的位置按下鼠标左键并拖曳，确定点的两边将显示如图 4-26 所示的调整柄。

20. 移动鼠标光标至如图 4-27 所示的位置双击，完成线形的绘制。

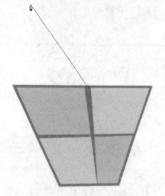

图4-25　确定的第 2 点位置

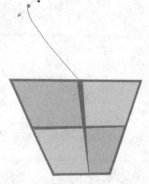

图4-26　拖曳鼠标光标时的状态

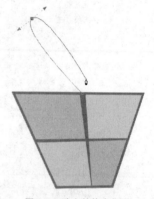

图4-27　确定的终点位置

21. 单击【轮廓笔】按钮 ⬚，在弹出的工具列表中选择 ⬚ 工具，然后在弹出的【轮廓笔】对话框中，将轮廓【颜色】设置为"洋红"色，其他选项及参数的设置如图 4-28 所示。

22. 单击 确定 按钮，调整轮廓属性后的线形如图 4-29 所示。

图4-28　【轮廓笔】对话框

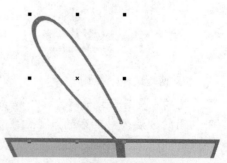

图4-29　调整轮廓属性后的线形

23. 继续利用 🖊工具绘制出如图 4-30 所示的线形。
24. 用相同的绘制方法再绘制出另一种形式的礼品图形，如图 4-31 所示。

图4-30 绘制的线形

图4-31 绘制的另一种礼品图形

25. 按 Ctrl+S 键，将此文件命名为"礼品.cdr"保存。

4.1.2 绘制发射线效果

下面灵活运用【钢笔】工具及旋转复制操作来制作发射线效果的背景。

【步骤解析】

1. 新建一个横向的图形文件。
2. 选择 🖊工具，在页面可打印区中依次单击，绘制出如图 4-32 所示的图形。
3. 单击 ◈工具，在弹出的工具列表中选择 ▮工具，弹出【渐变填充】对话框，如图 4-33 所示。

图4-32 绘制的图形

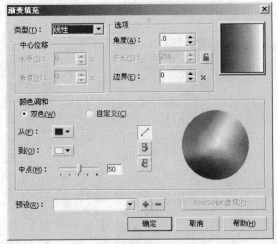

图4-33 【渐变填充】对话框

4. 单击【从】颜色色块，在弹出的颜色列表中选择"白"色，再单击【到】颜色色块，在弹出的颜色列表中选择"复活节紫"色，然后设置【渐变填充】对话框中的其他选项及参数，如图 4-34 所示。
5. 单击 确定 按钮，图形填充渐变色后的效果如图 4-35 所示。

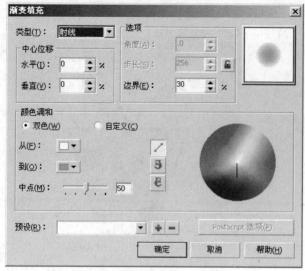

图4-34 【渐变填充】对话框

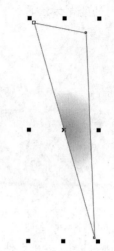

图4-35 图形填充渐变色后的效果

6. 利用 工具在选择的图形上再次单击，使其周围显示旋转和扭曲符号，然后将旋转中心调整至如图 4-36 所示的位置。

7. 将鼠标光标放置到右上角的旋转符号处，当鼠标光标显示为旋转符号时按下鼠标左键并向右拖曳，至如图 4-37 所示的位置时，在不释放鼠标左键的情况下单击鼠标右键，旋转复制图形，效果如图 4-38 所示。

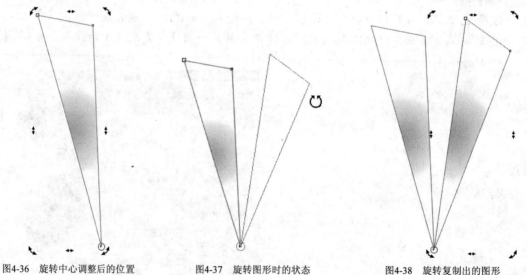

图4-36 旋转中心调整后的位置   图4-37 旋转图形时的状态   图4-38 旋转复制出的图形

8. 选择 工具，在弹出的【渐变填充】对话框中单击【到】颜色色块，在弹出的颜色列表中选择"浅橘红"色，然后单击 确定 按钮，复制图形修改填充色后的效果如图 4-39 所示。

9. 利用 工具将两个图形同时选择，然后单击属性栏中的 按钮，将两个图形群组。

10. 在群组后的图形上再次单击，然后将旋转中心调整至如图 4-40 所示的位置。

11. 用旋转复制图形的方法，将群组后的图形旋转复制，效果如图 4-41 所示。

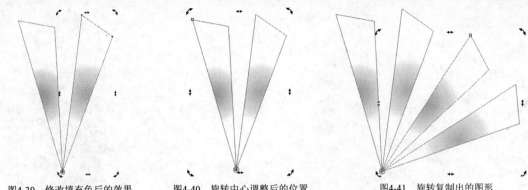

图4-39 修改填充色后的效果   图4-40 旋转中心调整后的位置   图4-41 旋转复制出的图形

12. 依次按 Ctrl+R 键，重复旋转复制图形，效果如图 4-42 所示。

13. 双击 工具，将所有图形同时选择，然后单击属性栏中的 按钮将群组取消，再选择复制的最后一个图形旋转复制，效果如图 4-43 所示。

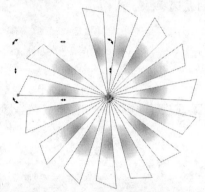
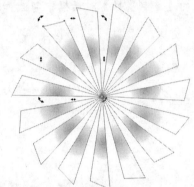

图4-42 重复旋转复制出的图形   图4-43 旋转复制出的图形

下面利用 工具来调整图形的形态，使其产生不规则的发射效果。

14. 选择 工具，在要调整的图形上单击将其选择，然后将鼠标光标放置到如图 4-44 所示的节点上按下鼠标左键并拖曳，状态如图 4-45 所示。

图4-44 鼠标光标放置的位置   图4-45 调整节点时的状态

15. 将节点调整至合适的位置后释放鼠标左键，然后调整下方的节点，状态如图 4-46 所示。

16. 用相同的调整图形方法，依次对其他图形进行调整，最终效果如图 4-47 所示。

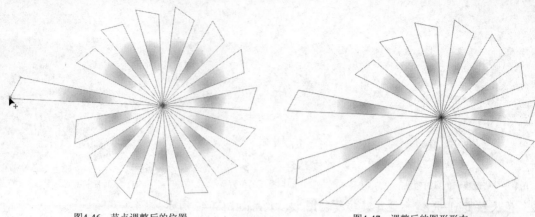

图4-46　节点调整后的位置　　　　　　　　　　　图4-47　调整后的图形形态

17. 利用 工具选择如图 4-48 所示的图形，然后执行【编辑】/【复制属性自】命令，在弹出的【复制属性】对话框中勾选如图 4-49 所示的复选项。

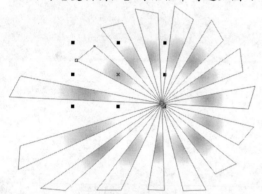

图4-48　选择的图形　　　　　　　　　　　　　图4-49　【复制属性】对话框

18. 单击 确定 按钮，然后将鼠标光标放置到如图 4-50 所示的位置单击，复制此图形的填充色，生成的效果如图 4-51 所示。

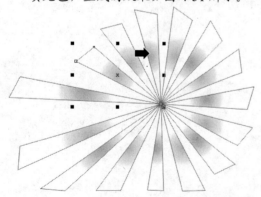

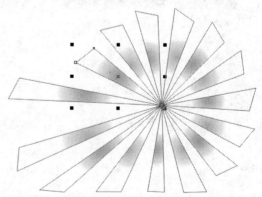

图4-50　鼠标光标单击的位置　　　　　　　　　图4-51　复制填充色后的效果

19. 用相同的复制填充色方法，修改如图 4-52 所示的图形的填充色，然后用旋转复制图形的方法将其旋转复制，效果如图 4-53 所示。

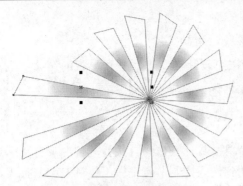

图4-52　修改填充色后的效果

图4-53　旋转复制出的图形

20. 为复制出的图形复制相应的颜色，完成发射线效果的制作，如图 4-54 所示。

下面将制作的发射线效果置于矩形中，隐藏不需要显示的区域。

21. 双击 □ 工具，创建一个与页面可打印区相同大小的矩形。

22. 将绘制的发射线图形同时选择，然后执行【效果】/【图框精确剪裁】/【放置在容器中】命令，再将鼠标光标放置到矩形中单击，将发射线置于绘制的矩形中。

23. 执行【效果】/【图框精确剪裁】/【编辑内容】命令，然后将发射线图形调整至如图 4-55 所示的大小及位置。

图4-54　制作完成的发射线图形

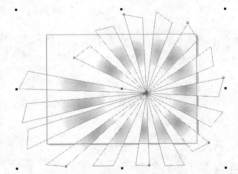

图4-55　调整后的大小及位置

24. 确认发射线图形处于选择状态，单击【调色板】中的 ⊠ 图标，去除图形的外轮廓线，然后单击绘图窗口左下角的 完成编辑对象 按钮，完成发射线背景的制作，效果如图 4-56 所示。

图4-56　制作的发射线背景效果

25. 按 Ctrl + S 键，将此文件命名为 "背景.cdr" 保存。

4.2 形状工具

利用【形状】工具 可以对绘制的线或图形按照设计需要进行任意形状的调整，也可以用来改变文字的间距、行距及指定文字的位置、旋转角度和属性设置等。本节来介绍对线或图形进行调整的方法。

一、 调整几何图形

利用【形状】工具调整几何图形的方法非常简单，具体操作为：选择几何图形，然后选择 工具（快捷键为 F10 键），再将鼠标光标移动到任意控制节点上按下鼠标左键并拖曳，至合适位置后释放鼠标左键，即可对几何图形进行调整。

 所谓几何图形是指不具有曲线性质的图形，如矩形、椭圆形和多边形等。利用【形状】工具调整这些图形时，其属性栏与调整图形的属性栏相同。

二、 调整曲线图形

选择曲线图形，然后选择 工具，此时的属性栏如图 4-57 所示。

| 矩形 | ⊹ ⊹ | ⤒⤓ ⤒⤓ | ⌇ ⌇ | ⌇ ⌇ ⌇ ⌇ | ⊡ ⊡ ⊡ ⊡ | ⊙ ⊙ | ⊙ ⊙ | 减少节点 0 ⊕ |

图4-57 【形状】工具的属性栏

 所谓曲线图形是指利用【手绘】工具组中的工具绘制的线形或闭合图形。当需要将几何图形调整成具有曲线的任意图形时，必须将此图形转换为曲线。其方法为：选择几何图形，然后执行【排列】/【转换为曲线】命令（快捷键为 Ctrl+Q 键）或单击属性栏中的 ⊙ 按钮，即可将其转换为曲线。

(1) 选择节点。

利用 工具调整曲线图形之前，首先要选择相应的节点，【形状】工具属性栏中有两种节点选择方式，分别为"矩形"和"手绘"。

- 选择"矩形"节点选择方式，在拖曳选择节点时，根据拖动的区域会自动生成一个矩形框，释放鼠标左键后，矩形框内的节点会全部被选择，如图 4-58 所示。
- 选择"手绘"节点选择方式，在拖曳选择节点时，将用自由手绘的方式拖出一个不规则的形状区域，释放鼠标左键后，区域内的节点会全部被选择，如图 4-59 所示。

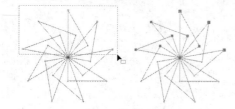

图4-58 "矩形"节点选择方式

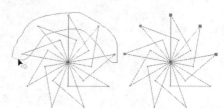

图4-59 "手绘"节点选择方式

 选择节点后，可同时对所选择的多个节点进行调节，以对曲线进行调整。如果要取消对节点的选择，在工作区的空白处单击或者按 Esc 键即可。

(2) 添加节点。

利用【添加节点】按钮 ，可以在线或图形上的指定位置添加节点。操作方法为：先将鼠标光标移动到线上，当鼠标光标显示为 形状时单击，此时单击处显示一个小黑点，单击属性栏中的 按钮，即可在此处添加一个节点。

> **要点提示** 除了可以利用 按钮在曲线上添加节点外，还有以下几种方法。（1）利用【形状】工具在曲线上需要添加节点的位置双击。（2）利用【形状】工具在需要添加节点的位置单击，然后按键盘中数字区的 键。（3）利用【形状】工具选择两个或两个以上的节点，然后单击 按钮或按键盘中数字区的 键，即可在选择的每两个节点中间添加一个节点。

(3) 删除节点。

利用【删除节点】按钮 ，可以将选择的节点删除。操作方法为：将鼠标光标移动到要删除的节点上单击将其选择，然后单击属性栏中的 按钮，即可将该节点删除。

> **要点提示** 除了可以利用 按钮删除曲线上的节点外，还有以下两种方法。（1）利用【形状】工具在曲线上需要删除的节点上双击。（2）利用【形状】工具将要删除的节点选择，然后按 Delete 键或键盘中数字区的 键。

(4) 连接节点。

利用【连接两个节点】按钮 ，可以把未闭合的线连接起来。操作方法为：先选择未闭合曲线的起点和终点，然后单击 按钮，即可将选择的两个节点连接为一个节点。

(5) 分割节点。

利用【分割曲线】按钮 ，可以把闭合的线分割开。操作方法为：选择需要分割开的节点，单击 按钮可以将其分成两个节点。注意，将曲线分割后，需要将节点移动位置才可以看出效果。

(6) 转换曲线为直线。

单击【转换曲线为直线】按钮 ，可以把当前选择的曲线转换为直线。图 4-60 所示为原图与转换为直线后的效果。

图4-60 原图与转换为直线后的效果

(7) 转换直线为曲线。

单击【转换直线为曲线】按钮 ，可以把当前选择的直线转换为曲线，从而进行任意形状的调整。其转换方法具体分为以下两种。

- 当选择直线图形中的一个节点时，单击 按钮，在被选择的节点逆时针方向的线段上将出现两条控制柄，通过调整控制柄的长度和斜率，可以调整曲线的形状，如图 4-61 所示。

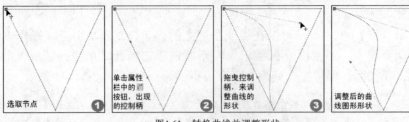

图4-61　转换曲线并调整形状

- 将图形中所有的节点选择后，单击属性栏中的 ⌒ 按钮，则使整个图形的所有节点转换为曲线，将鼠标光标放置在任意边的轮廓上拖曳，即可对图形进行调整。

(8)　转换节点类型。

节点转换为曲线性质后，节点还具有尖突、平滑和对称 3 种类型，如图 4-62 所示。

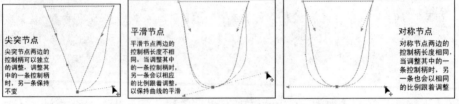

图4-62　节点的 3 种类型

- 当选择的节点为平滑节点或对称节点时，单击属性栏中的【使节点成为尖突】按钮 ⋏，可将节点转换为尖突节点。
- 当选择的节点为尖突节点或对称节点时，单击属性栏中的【平滑节点】按钮 ⋌，可将节点转换为平滑节点。此节点常用作直线和曲线之间的过渡节点。
- 当选择的节点为尖突节点或平滑节点时，单击【生成对称节点】按钮 ⋈，可以将节点转换为对称节点。对称节点不能用于连接直线和曲线。

(9)　曲线的设置。

在【形状】工具的属性栏中有 4 个按钮是用来设置曲线的，【自动闭合曲线】按钮 ⊙ 已经介绍过，下面来讲解其他 3 个按钮的功能。

- 【反转曲线的方向】按钮 ⤶：选择任意转换为曲线的线形和图形，单击此按钮，将改变曲线的方向，即将起始点与终点反转。
- 【延长曲线使之闭合】按钮 ⋤：当绘制了未闭合的曲线图形时，将起始点和终点选择，然后单击此按钮，可以将两个被选择的节点通过直线进行连接，从而达到闭合的效果。闭合曲线的示意图如图 4-63 所示。

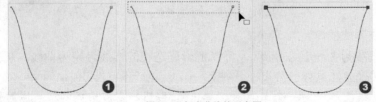

图4-63　闭合曲线的示意图

 ⋤ 按钮和 ⊙ 按钮都是用于闭合图形的，但两者有本质上的不同，前者的闭合条件是选择未闭合图形的起点和终点，而后者的闭合条件是选择任意未闭合的曲线即可。

- 【提取子路径】按钮 ：使用【形状】工具选择结合对象上的某一线段、节点或一组节点，然后单击此按钮，可以在结合的对象中提取子路径。

(10) 调整节点。

在【形状】工具的属性栏中有 5 个按钮是用来调整、对齐和映射节点的，其功能如下。

- 【伸长和缩短节点连线】按钮 ：单击此按钮，将在当前选择的节点上出现一个缩放框，用鼠标拖曳缩放框上的任意一个控制点，可以使被选择的节点之间的线段伸长或者缩短。

- 【旋转和倾斜节点连线】按钮 ：单击此按钮，将在当前选择的节点上出现一个倾斜旋转框。用鼠标拖曳倾斜旋转框上的任意角控制点，可以通过旋转节点来对图形进行调整；用鼠标拖曳倾斜旋转框上各边中间的控制点，可以通过倾斜节点来对图形进行调整。

- 【对齐节点】按钮 ：当在图形中选择两个或两个以上的节点时，此按钮才可用。单击此按钮，将弹出如图 4-64 所示的【节点对齐】设置面板。

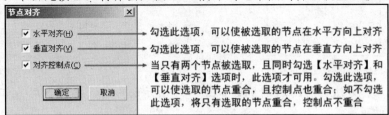

图4-64　【节点对齐】设置面板

- 【水平反射节点】按钮 ：激活此按钮，在调整指定的节点时，节点将在水平方向映射。

- 【垂直反射节点】按钮 ：激活此按钮，在调整指定的节点时，节点将在垂直方向映射。

映射节点模式是指在调整某一节点时，其对应的节点将按相反的方向发生同样的编辑。例如，将某一节点向右移动，它对应的节点将向左移动相同的距离。此模式一般应用于两个相同的曲线对象，其中第二个对象是通过镜像第一个对象而创建的。

(11) 其他选项。

在【形状】工具的属性栏中还有 3 个按钮和一个【曲线平滑度】参数设置，其功能如下。

- 【弹性模式】按钮 ：激活此按钮，在移动节点时，节点将具有弹性性质，即移动节点时周围的节点也将会随鼠标的拖曳而产生相应的调整。

- 【选择全部节点】按钮 ：单击此按钮，可以选择当前选择图形中的所有节点。

- 减少节点 按钮：当图形中有很多个节点时，单击此按钮将根据图形的形状来减少图形中多余的节点。

- 【曲线平滑度】 0 ：可以改变被选择节点的曲线平滑度，起到再次减少节点的功能，数值越大，曲线变形越大。

4.2.1　绘制花形

下面灵活运用 工具、 工具和 工具来绘制两种形式的花朵图形。

【步骤解析】

1. 新建一个图形文件。

2. 选择 □ 工具，按住 Ctrl 键绘制一个正方形，然后单击属性栏中的 ⊕ 按钮，将基本图形转换为具有曲线性质的图形。

3. 选择 ⬚ 工具，并单击属性栏中的 ⬚ 按钮，将正方形的节点同时选择，再单击 ⌐ 按钮，将线段转换为曲线段。

4. 将鼠标光标放置到上方线形的中间位置，按下鼠标左键并向上拖曳，状态如图 4-65 所示。

5. 至合适位置后释放鼠标左键，然后将鼠标光标放置在左侧线形的上方位置按下鼠标左键并向左上方拖曳，状态如图 4-66 所示。

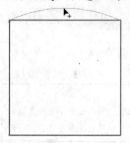

图4-65　调整线形时的状态

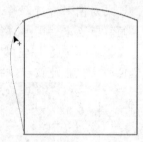

图4-66　调整线形时的状态

6. 用相同的调整方法，将图形调整至如图 4-67 所示的形态，然后利用 ⬚ 工具框选如图 4-68 所示的节点。

7. 单击属性栏中的 ⌒ 按钮，将选择的节点转换成对称节点，效果如图 4-69 所示。

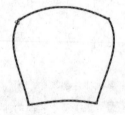

图4-67　图形调整后的形态

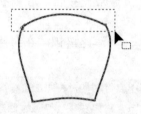

图4-68　选择节点时的状态

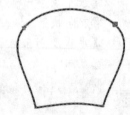

图4-69　调整后的效果

8. 选择 ○ 工具，按住 Ctrl 键绘制圆形，然后将其与"花瓣"图形同时选择，执行【排列】/【对齐和分布】/【垂直居中对齐】命令，将两个图形以垂直中心对齐，再按住 Shift 键将圆形在垂直方向上调整至如图 4-70 所示的位置。

9. 将"花瓣"图形选择，然后在其上再次单击，并将旋转中心向下调整至如图 4-71 所示的位置。

10. 用旋转复制图形的方法，将"花瓣"图形依次旋转复制，效果如图 4-72 所示。

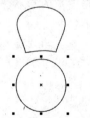

图4-70　圆形调整后的位置

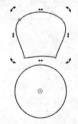

图4-71　旋转中心调整后的位置

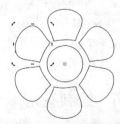

图4-72　旋转复制出的图形

11. 双击 ▯工具，将图形全部选择，然后为图形填充橘红色（M:60,Y:100），并去除外轮廓，完成第一种花形的制作。

接下来，制作另一种花形。

12. 选择 ▯工具，并将属性栏中 ○³ 的参数设置为 "3"，然后绘制出如图 4-73 所示的三角形。

13. 单击属性栏中的 ▯按钮，将三角形图形转换为具有曲线性质的图形，然后选择 ▯工具，并框选如图 4-74 所示的节点。

14. 单击属性栏中的 ▯按钮，将选择的节点删除，效果如图 4-75 所示。

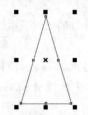

图4-73　绘制的三角形图形

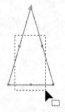

图4-74　框选节点时的状态

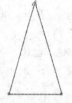

图4-75　删除节点后的效果

15. 单击属性栏中的 ▯按钮，将三角形图形的节点同时选择，然后单击 ▯按钮，将线段转换为曲线段。

16. 利用 ▯工具分别调整三角形两边的线形，效果如图 4-76 所示，然后将下方的两个节点同时选择，单击属性栏中的 ▯按钮，将选择的节点转换成对称节点，效果如图 4-77 所示。

17. 用旋转复制图形的方法，将调整后的图形进行旋转复制，效果如图 4-78 所示。

图4-76　线形调整后的形态

图4-77　调整后的图形形态

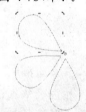

图4-78　旋转复制出的图形

18. 利用 ▯工具将 3 个花瓣图形同时选择，然后旋转至如图 4-79 所示的形态。

19. 在选择的图形上单击，切换到图形的选择状态，然后按住 Ctrl 键，将鼠标光标放置到选择框左侧中间的控制点上，按下鼠标左键并向右拖曳，镜像复制选择的图形，效果如图 4-80 所示。

20. 依次按键盘上的 → 键，将复制出的图形向右调整位置，效果如图 4-81 所示。

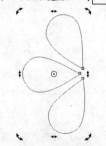

图4-79　旋转后的图形形态

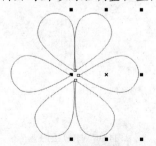

图4-80　镜像复制出的图形

图4-81　调整后的花形

21. 将制作出的第二种花图形全部选择，然后为其填充粉红色（C:10,M:60,Y:10），并去除外轮廓。

22. 按 Ctrl+S 键，将此文件命名为"花图案.cdr"保存。

4.2.2 绘制叶子图形

下面灵活运用 🖌 工具和 🖊 工具来绘制叶子图形。

【步骤解析】

1. 接上例。

2. 利用 🖌 工具，在页面可打印区中依次单击并拖曳，绘制出叶子图形的大体形状，如图 4-82 所示。

3. 选择 🖊 工具，并选择如图 4-83 所示的节点，然后单击属性栏中的 🔀 按钮，将对称节点转换为尖突节点，再将鼠标光标放置到左侧的控制柄上按下鼠标左键并向右上方拖曳，将图形调整至如图 4-84 所示的形态。

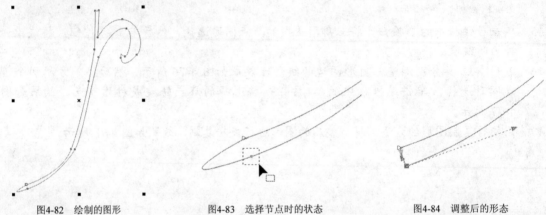

图4-82　绘制的图形　　　　图4-83　选择节点时的状态　　　　图4-84　调整后的形态

4. 选择相应的节点，然后将鼠标光标放置到出现的控制点上按下鼠标左键并拖曳，即可调整线形的形态，用此方法对如图 4-85 所示的节点进行调整。

5. 用与步骤 4 相同的方法，依次对节点进行调整，最终效果如图 4-86 所示。

6. 为调整后的图形填充月光绿色（C:20,Y:60），然后去除外轮廓，效果如图 4-87 所示。

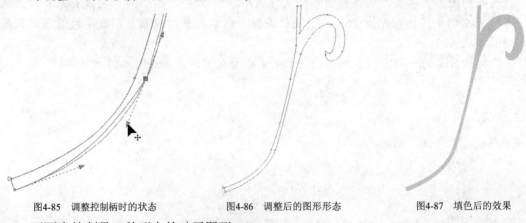

图4-85　调整控制柄时的状态　　　　图4-86　调整后的图形形态　　　　图4-87　填色后的效果

下面来绘制另一种形态的叶子图形。

7. 利用 🖊 工具，在页面可打印区中依次单击，绘制出叶子图形的大体形状，如图 4-88 所示。

8. 选择 🖊 工具，并单击属性栏中的 ⬚ 按钮，将图形的节点同时选择，然后单击 🖊 按钮，将线段转换为曲线段。

9. 将鼠标光标放置到如图 4-89 所示的线形上按下鼠标左键并向上拖曳，调整线形的形态。

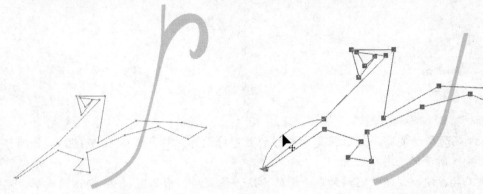

图4-88　绘制的图形　　　　　　　　　　　图4-89　调整线形时的形态

10. 依次调整其他线段，形态如图 4-90 所示。

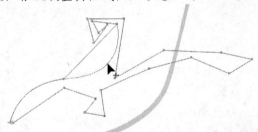
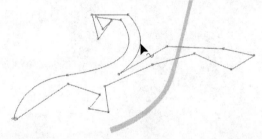

图4-90　调整图形时的状态

11. 综合运用 🖊 工具调整线形的方法，将图形调整至如图 4-91 所示的形态，然后为其填充酒绿色（C:40,Y:100），并去除外轮廓，效果如图 4-92 所示。

图4-91　调整后的图形形态　　　　　　　　图4-92　图形填色后的效果

12. 将上一节绘制的第一种花形选择，执行【排列】/【顺序】/【到图层前面】命令，将其调整至叶子图形的上方，然后将其调整至合适的大小后移动到如图 4-93 所示的位置。

13. 将绘制的第二种花形选择，调整至合适的大小后移动到如图 4-94 所示的位置。

图4-93　花形调整后的大小及位置

图4-94　花形调整后的大小及位置

14. 将第二种花形移动复制，然后将复制图形的颜色修改为深黄色（M:20,Y:100），并调整至如图 4-95 所示的形态及位置。

15. 利用  工具、缩小复制及移动复制图形的方法，依次绘制出如图 4-96 所示的圆形，完成花图案的绘制。

图4-95　复制出的花形

图4-96　绘制完成的花图案

16. 按 Ctrl + S 键，将此文件保存。

4.3　艺术笔工具

　　【艺术笔】工具在 CorelDRAW 中是一个比较特殊且非常重要的工具，它可以绘制许多特殊样式的线条和图案。其使用方法非常简单，选择 工具（快捷键为 I 键），并在属性栏中设置好相应的选项，然后在绘图窗口中按住鼠标左键并拖曳，释放鼠标左键后即可绘制出设置的线条或图案。

　　【艺术笔】工具 的属性栏中有【预设】、【笔刷】、【喷罐】、【书法】和【压力】 5 个按钮。当激活不同的按钮时，其属性栏中的选项也各不相同，下面来分别介绍。

一、　【预设】按钮

　　激活【艺术笔】工具属性栏中的【预设】按钮，其属性栏如图 4-97 所示。

图4-97　激活 ⋈ 按钮时的属性栏

- 【艺术笔工具宽度】⟨10.0 mm⟩：设置艺术笔的宽度。数值越小，笔头越细。
- 【预设笔触列表】⟨〜〜〜〜⟩：在此下拉列表中选择需要的笔触样式。

二、【笔刷】按钮

激活【艺术笔】工具属性栏中的【笔刷】按钮，其属性栏如图 4-98 所示。

图4-98　激活 按钮时的属性栏

- 【浏览】按钮：单击此按钮，可在弹出的【浏览文件夹】对话框中将其他位置保存的画笔笔触样式加载到当前的笔触列表中。
- 【笔触列表】：在【笔触样式】下拉列表中，移动鼠标光标至需要的画笔笔触样式上单击，即可将该笔触样式选择。
- 【保存艺术笔触】按钮：单击此按钮，可以将绘制的对象作为笔触进行保存。其使用方法为：先选择一个或一个群组对象，然后单击 工具属性栏中的 按钮，系统将弹出【另存为】对话框，在此对话框的【文件名】选项中给要保存的笔触样式命名，然后单击 保存(S) 按钮，即可完成对笔触样式的保存。此时新建的笔触将显示在【笔触列表】的下方。
- 【删除】按钮：只有新建了笔触样式后，此按钮才可用。单击此按钮，可以将当前选择的新建笔触样式在【笔触列表】中删除。

三、【喷罐】按钮

激活【艺术笔】工具属性栏中的【喷罐】按钮，其属性栏如图 4-99 所示。

图4-99　激活 按钮时的属性栏

- 【要喷涂的对象大小】：可以设置喷绘图形的大小。单击 按钮将其激活，可以分别设置图形的长度和宽度大小。
- 【喷涂列表文件列表】：在该下拉列表中移动鼠标光标至需要的喷涂图形上单击，即可将该样式选择。
- 【选择喷涂顺序】：包括随机、顺序和按方向 3 个选项，当选择不同的选项时，喷绘出的图形也不相同。图 4-100 所示为分别选择这 3 个选项时喷绘出的图形效果对比。

选择【随机】选项　　　　　选择【顺序】选项　　　　　选择【按方向】选项

图4-100　选择不同选项时喷绘出的图形效果对比

- 【添加到喷涂列表】按钮：单击此按钮，可以将当前选择的图形添加到【喷涂列表文件列表】中，以便在需要时直接调用。

- 【喷涂列表对话框】按钮 ：单击此按钮，将弹出【创建播放列表】对话框。在此对话框中，可以对【喷涂列表文件列表】选项中当前选择样式的图形进行添加或删除。
- 【要喷涂的对象的小块颜料/间距】：此选项上方文本框中的数值决定喷出图形的密度大小，数值越大，喷出图形的密度越大。下方文本框中的数值决定喷出图形中图像之间的距离大小，数值越大，喷出图形间的距离越大。图 4-101 所示为设置不同密度与距离时喷绘出的图形效果对比。

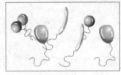 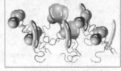 

默认参数　　　　　　设置密度参数后的图形效果　　　　设置距离参数后的图形效果

图4-101　设置不同密度与距离时喷绘出的图形效果对比

- 【旋转】按钮：单击此按钮将弹出【旋转】参数设置面板，在此面板中可以设置喷涂图形的旋转角度和旋转方式等。
- 【偏移】按钮：单击此按钮将弹出【偏移】参数设置面板，在此面板中可以设置喷绘图形的偏移参数及偏移方向等。
- 【重置值】按钮：在设置喷绘对象的密度或间距时，当设置好新的数值但没有确定之前，单击此按钮，可以取消设置的数值。

四、【书法】按钮

激活【书法】按钮，其属性栏如图 4-102 所示。其中【书法角度】 用于设置笔触书写时的角度。当为"0"时，绘制水平直线时宽度最窄，而绘制垂直直线时宽度最宽；当为"90"时，绘制水平直线时宽度最宽，而绘制垂直直线时宽度最窄。

五、【压力】按钮

激活【压力】按钮，其属性栏如图 4-103 所示。该属性栏中的选项与【预设】属性栏中的相同，在此不再赘述。

图4-102　激活 按钮时的属性栏　　　　　　图4-103　激活 按钮时的属性栏

4.3.1　制作气球

灵活运用 工具制作气球图形。

【步骤解析】

1. 新建一个图形文件。
2. 选择 工具，并激活属性栏中的 按钮，然后单击【喷涂列表文件列表】选项，在弹出的列表中选择如图 4-104 所示的"气球"图形。
3. 将鼠标光标移动到页面的可打印区中自左向右拖曳，喷绘出如图 4-105 所示的气球图形。

 由于属性栏中【选择喷涂顺序】中选择的是【随机】选项，因此读者喷绘出的图形可能会跟本例给出的图示不完全一样，这没关系，此例旨在讲解如何利用 工具喷绘图形并进行编辑的方法，读者只要随意喷绘出几个气球图形即可。

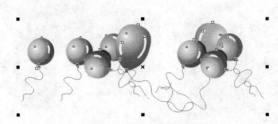

图4-104　选择的图形　　　　　　　　　图4-105　喷绘出的气球图形

4. 执行【排列】/【打散艺术笔 群组】命令（快捷键为 Ctrl+K 键），将喷绘出的气球分离，然后按 Esc 键取消所有对象的选择状态，并利用 工具选择分离出的曲线路径，如图 4-106 所示。

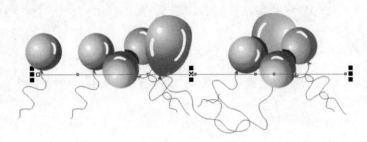

图4-106　选择的曲线路径

5. 按 Delete 键将选择的线形删除，然后将分离出的气球图形选择，按 Ctrl+U 键取消群组。

6. 依次选择不需要的气球图形，并按 Delete 键删除，只保留如图 4-107 所示的 3 个气球效果。

7. 按住 Ctrl 键依次选择线形及黑色的阴影图形，并按 Delete 键删除，删除后的图形效果如图 4-108 所示。

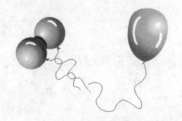

图4-107　保留的图形　　　　　　　　　　图4-108　删除线形及阴影后的效果

8. 将剩余的气球图形重新组合，最终效果如图 4-109 所示。

9. 选择 工具，在气球下方绘制出如图 4-110 所示的线形，然后将其颜色修改为红色（M:100,Y:100）。

10. 执行【排列】/【顺序】/【到图层后面】命令，将绘制的线形调整至所有图形的下方。

11. 用与步骤 9～10 相同的方法，依次为其他两个气球图形绘制线形，最终效果如图 4-111 所示。

图4-109　组合后的效果

图4-110　绘制的线形

图4-111　最终效果

12. 按 Ctrl + S 键，将此文件命名为 "气球.cdr" 保存。

4.3.2　合成网络插画

下面将本章中制作的各个元素进行组合，然后利用 🖌️ 工具喷绘不同的点缀图形，以完成网络插画的制作。

【步骤解析】

1. 打开 "背景.cdr" 文件。
2. 选择 ◎ 工具，绘制出如图 4-112 所示的圆形。
3. 选择 ▓ 工具，在弹出的【渐变填充】对话框中，将【从】颜色设置为橘红色（M:60,Y:100），【到】颜色设置为深黄色（M:10,Y:100），其他参数的设置如图 4-113 所示。

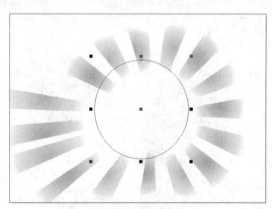

图4-112　绘制的圆形

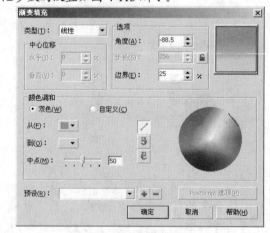

图4-113　设置的渐变颜色

4. 单击 ▭ 确定 ▭ 按钮，为圆形填充设置的渐变色，然后去除其外轮廓线，效果如图 4-114 所示。
5. 单击属性栏中的 🔲 按钮，将附盘中 "图库\第 04 章" 目录下名为 "卡通人物.cdr" 的图像导入，调整至合适的大小后放置到如图 4-115 所示的位置。

图4-114　圆形填色后的效果

图4-115　导入图像调整后的大小及位置

6. 将第 4.1.1 节绘制的礼品图形导入，然后利用调整图形大小及旋转角度操作将礼品图形分别调整至如图 4-116 所示的形态及位置。

7. 将第 4.2.1 节绘制的花图案导入，然后调整至如图 4-117 所示的大小及位置。

图4-116　礼品图形调整后的形态及位置

图4-117　花图案调整后的大小及位置

8. 执行【排列】/【顺序】/【置于此对象后】命令，然后将鼠标光标移动到卡通人物上单击，将花图案调整至卡通人物的后面。

9. 重新调整酒绿色叶子的旋转角度及各图形的相对位置，最终效果如图 4-118 所示。

图4-118　花图案调整后的效果

10. 将两个叶子图形同时选择并移动复制，然后单击属性栏中的 按钮，将复制出的图形水平镜像，再分别调整至如图 4-119 所示的形态及位置。

11. 用移动复制操作依次将花形及圆形复制，效果如图 4-120 所示。

图4-119　复制叶子图形调整后的形态

图4-120　复制出的图形

12. 继续利用移动复制操作及【排列】/【顺序】/【置于此对象前】命令，复制花形并将其调整至卡通人物图形的前面，效果如图 4-121 所示。

13. 利用【导入】命令及【排列】/【顺序】/【置于此对象后】命令，将第 4.3.1 节中制作的气球图形导入，并放置到人物手图形的后面，效果如图 4-122 所示。

图4-121　复制出的花形

图4-122　组合的气球效果

各元素图形组合完成后，下面利用 工具为整个画面喷绘点缀图形。

14. 选择 工具，并激活属性栏中的 按钮，然后在【喷涂列表文件列表】下拉列表中选择如图 4-123 所示的图形。

15. 将鼠标光标移动到画面的左上角位置按下鼠标左键并拖曳，喷绘出如图 4-124 所示的星形。

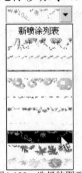

图4-123　选择的图形

图4-124　喷绘出的星形

16. 依次在其他位置按下鼠标左键并拖曳，喷绘出如图 4-125 所示的点缀图形。

图4-125 喷绘的点缀图形

17. 选择作为背景的矩形，然后在其上单击鼠标右键，在弹出的右键菜单中选择【编辑内容】命令，转换到编辑模式下。

18. 选择 工具，并激活属性栏中的 按钮，然后在【喷涂列表文件列表】下拉列表中选择如图 4-126 所示的图形。

19. 依次在画面的左下角和右下角位置拖曳鼠标光标，喷绘出如图 4-127 所示的图形。

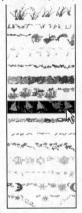

图4-126 选择的图形

图4-127 喷绘出的图形

20. 单击绘图窗口左下角的 完成编辑对象 按钮完成编辑，最终效果如图 4-128 所示。

图4-128 制作完成的网络插画

21. 按 Shift+Ctrl+S 键，将此文件另存为 "网络插画.cdr"。

4.4 拓展案例

读者自己动手绘制出下面的马图案及网络插画。

4.4.1 绘制马图案

灵活运用 工具和 工具绘制出如图 4-129 所示的马图案。

图4-129 绘制的马图案

【步骤解析】

1. 将附盘中"图库\第 04 章"目录下名为"马图案.jpg"的图片导入。
2. 灵活运用 工具和 工具绘制图形并填充不同的颜色，即可完成马图案的绘制。
    此例主要练习读者绘制图形及调整图形的熟练程度，当将工具熟练掌握后，即可按照自己的意愿随意绘制图形了。

4.4.2 绘制网络插画

灵活运用本章学过的工具绘制出如图 4-130 所示的网络插画。

【步骤解析】

1. 利用 工具、 工具和 工具绘制背景图形。
2. 利用 工具，并结合【取消群组】命令和【结合】命令绘制月亮图形。
3. 灵活运用 工具和 工具绘制人物、兔子及小树图形。
4. 最后利用 工具为画面添加杂点及星星图形，即可完成网络插画的绘制。

图4-130 绘制的网络插画

4.5 小结

　　本章主要学习了 CorelDRAW X4 工具箱中的各种手绘工具、【形状】工具及【艺术笔】工具的应用。通过本章的学习，希望读者能够熟练掌握每一个工具的不同功能和使用方法，以便在实际工作中灵活运用。课下也希望读者能多绘制一些类似的作品，熟能生巧，只有不断地练习才能不断地进步。

第5章 编辑工具——绘制居室平面图

图形编辑工具主要包括【裁剪】工具 ✂、【刻刀】工具 ✎、【橡皮擦】工具 ✐、【虚拟段删除】工具 ✎、【涂抹笔刷】工具 ✐、【粗糙笔刷】工具 ✂、【自由变换】工具 ✐ 以及【度量】工具 ▱ 等，利用这些工具对图形的形状进行裁剪、擦除、涂抹和变换，在图纸绘制中还可以测量尺寸及添加标注等，下面来具体讲解。

【学习目标】

- 掌握裁剪工具组中各工具的应用。
- 了解【涂抹笔刷】工具和【粗糙笔刷】工具的工作原理。
- 掌握利用【自由变换】工具变换图形的方法。
- 熟悉各种标注样式。
- 掌握利用【度量】工具添加标注的方法。
- 掌握表格工具的应用。
- 熟悉绘制居室平面图的整体过程。

5.1 裁剪工具组

裁剪工具组中的工具主要用于对图形进行裁剪或擦除，包括【裁剪】工具 ✂、【刻刀】工具 ✎、【橡皮擦】工具 ✐、【虚拟段删除】工具 ✎。

下面以列表的形式详细讲解各工具的使用方法。

工 具	使 用 方 法
【裁剪】工具 ✂	选择 ✂ 工具后，在绘图窗口中根据要保留的区域拖曳鼠标，绘制一个裁剪框，确认裁剪框的大小及位置后在裁剪框内双击，即可完成图像的裁剪，此时裁剪框以外的图像将被删除 • 将鼠标光标放置在裁剪框各边中间的控制点或角控制点处，当鼠标光标显示为"╋"时，按下鼠标左键并拖曳，可调整裁剪框的大小 • 将鼠标光标放置在裁剪框内，按下鼠标左键并拖曳，可调整裁剪框的位置 • 在裁剪框内单击，裁剪框的边角将显示旋转符号，将鼠标光标移动到各边位置，当鼠标光标显示为旋转符号 ↻ 时，按下鼠标左键并拖曳，可旋转裁剪框
【刻刀】工具 ✎	选择 ✎ 工具，然后移动鼠标光标到要分割图形的外轮廓上，当鼠标光标显示为 ▮ 图标时，单击鼠标左键确定第一个分割点，移动鼠标光标到要分割的另一端的图形外轮廓上，再次单击鼠标左键确定第二个分割点，释放鼠标左键后，即可将图形分割 使用【刻刀】工具分割图形时，只有当鼠标光标显示为 ▮ 图标时单击图形的外轮廓，移动鼠标光标至图形另一端的外轮廓处单击才能分割图形，如在图形内部确定分割的第二点，不能将图形分割
【橡皮擦】工具 ✐	【橡皮擦】工具可以很容易地擦除所选图形的指定位置。选择要进行擦除的图形，然后选择 ✐ 工具（快捷键为 X 键），设置好笔头的宽度及形状后，将鼠标光标移动到选择的图形上，按下鼠标左键并拖曳，即可对图形进行擦除。另外，将鼠标光标移动到选择的图形上单击，然后移动鼠标光标到合适的位置再次单击，可对图形进行直线擦除

续　表

工　具	使　用　方　法
【虚拟段删除】工具![icon]	【虚拟段删除】工具的功能是将图形中多余的线条删除。确认绘图窗口中有多个相交的图形；选择![icon]工具，然后将鼠标光标移动到想要删除的线段上，当鼠标光标显示为![icon]图标时单击，即可删除选定的线段；当需要同时删除某一区域内的多个线段时，可以将鼠标光标移动到该区域内，按下鼠标左键并拖曳，将需要删除的线段框选，释放鼠标左键后即可将框选的多个线段删除

5.1.1　绘制平面图框架

下面运用辅助线的设置、轮廓的设置及【虚拟段删除】工具来绘制平面图的框架，并设置文件的大小。

【步骤解析】

1. 按 Ctrl+N 键新建一个图形文件。
2. 在绘图窗口中的标尺上双击，弹出【选项】对话框，设置【标尺】选项的单位及参数如图 5-1 所示，然后单击 编辑刻度(S)... 按钮，弹出【绘图比例】对话框，设置【典型比例】参数，如图 5-2 所示。

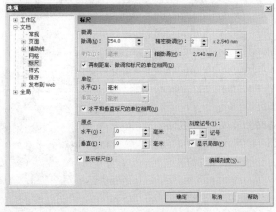

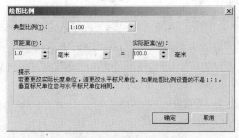

图5-1　【选项】对话框　　　　　　　　　　　　图5-2　【绘图比例】对话框

由于绘制图纸中实物的尺寸约为 14m×10m，因此在绘制之前首先要设置绘图文件的大小及比例。将比例设置为 1∶100 后，页面中标尺显示的尺寸将为绘制图纸的实际尺寸，而不是页面的尺寸。

3. 单击 确定 按钮，返回到【选项】对话框。然后在左侧的选项栏中单击【页面】选项前面的"+"符号，展开其下级的目录，再单击【大小】选项，点选【横向】单选项，并设置页面的大小，如图 5-3 所示。
4. 在左侧的选项栏中单击【辅助线】选项前面的"+"符号，展开其下级的目录，然后单击【水平】选项，并在其右侧选项栏的上方文本框中输入"4200"，如图 5-4 所示。
5. 单击右侧的 添加(A) 按钮，即在绘图窗口中水平位置"4200"毫米处添加一条水平辅助线，且"4200"数字显示在下方的列表框中。
6. 用与步骤 4～5 相同的方法，在【选项】对话框中依次设置如图 5-5 所示的水平辅助线的参数。

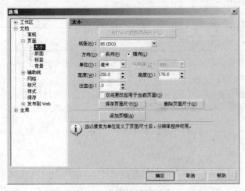

图5-3　设置的页面大小

图5-4　输入的数字

7. 在左侧的选项栏中单击【垂直】选项，然后在右侧的选项栏中依次添加如图 5-6 所示的辅助线。

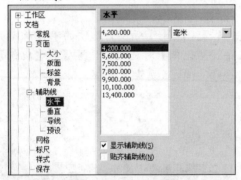

图5-5　添加的水平辅助线

图5-6　添加的垂直辅助线

8. 单击 确定 按钮，绘图窗口中添加的辅助线如图 5-7 所示。

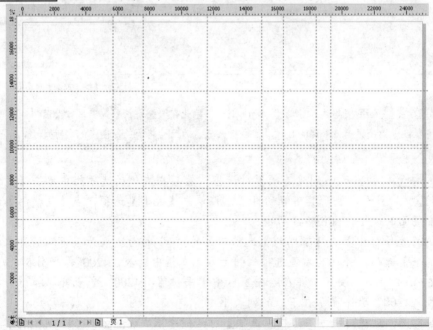

图5-7　添加的辅助线位置

9. 执行【视图】/【贴齐辅助线】命令，启动对齐辅助线功能。然后选择 工具，并沿添加的辅助线绘制出房子的外轮廓，如图 5-8 所示。

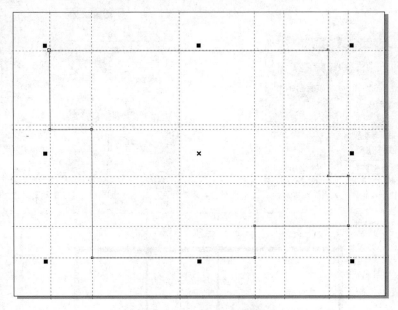

图5-8 绘制出的房子外轮廓

10. 选择 工具，弹出【轮廓笔】对话框，设置各选项及参数，如图 5-9 所示。

11. 单击 确定 按钮，设置轮廓笔宽度后的图形的效果如图 5-10 所示。

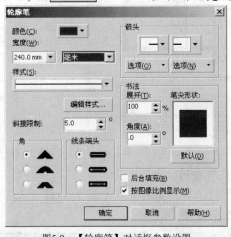

图5-9 【轮廓笔】对话框参数设置   图5-10 设置轮廓笔宽度后的图形效果

12. 按 Esc 键取消对图形的选择，然后再次选择 工具，弹出【轮廓笔】属性设置对话框，如图 5-11 所示。

13. 在【轮廓笔】属性对话框中勾选【图形】复选项，单击 确定 按钮，此时将弹出【轮廓笔】对话框，设置的参数如图 5-12 所示。

14. 单击 确定 按钮，将轮廓笔的默认宽度设置为"120"毫米。

15. 选择 工具，沿添加的辅助线绘制出房子的承重墙，如图 5-13 所示，然后用与步骤12～14 相同的方法，将轮廓笔的宽度恢复为默认的"发丝"设置。

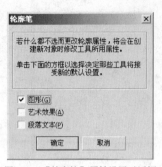

图5-11 【轮廓笔】属性设置对话框

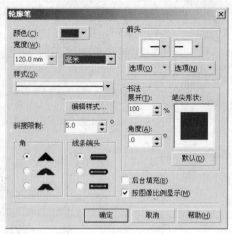

图5-12 【轮廓笔】对话框

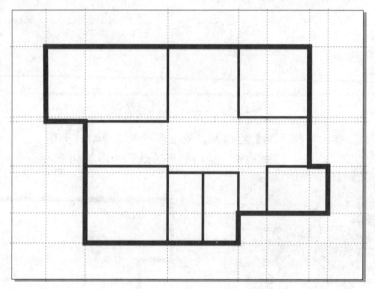

图5-13 绘制出的承重墙

16. 选择 ▢ 工具,在绘图窗口中绘制一个矩形,并设置属性栏中 ↔ 1000.0 mm 的参数为 "1000mm",然后将绘制的矩形移动到如图 5-14 所示的位置。

17. 选择 ✎ 工具,将鼠标光标移动到绘制矩形中的线段上,当鼠标光标显示为如图 5-15 所示的状态时,单击即可将此线段删除,效果如图 5-16 所示。

图5-14 矩形放置的位置　　图5-15 鼠标光标显示的状态　　图5-16 删除线段后的效果

18. 用与步骤 16～17 相同的方法，依次对平面图中安置门的位置进行裁剪，然后将作为辅助图形的矩形删除，最终效果如图 5-17 所示。

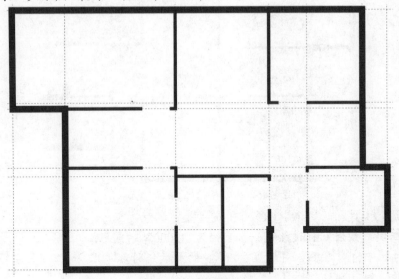

图5-17　平面图裁剪后的效果

19. 至此，平面图的边框绘制完成，按 Ctrl+S 键，将此文件命名为 "居室平面图.cdr" 保存。

5.1.2　添加门、窗图形

下面运用 □ 工具和 ○ 工具来绘制平面图中的门和窗图形。

【步骤解析】

1. 接上例。
2. 选择 □ 工具，在平面图的左上角位置绘制一个矩形，并设置属性栏中 ⬍ 1800.0 mm 的参数为 "1800mm"，绘制矩形的位置如图 5-18 所示。
3. 利用 ⬛ 工具将矩形中的线形删除，然后将矩形的宽度调整至 ↔ 240.0 mm ，并与黑色的墙体对齐。
4. 利用 □ 工具在矩形中间再绘制出如图 5-19 所示的矩形，作为 "窗户"。

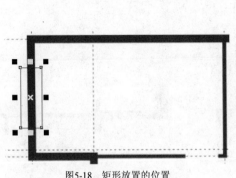
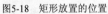

图5-18　矩形放置的位置

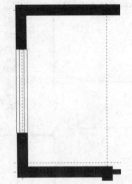

图5-19　绘制出的 "窗户" 图形

5. 用与步骤 2～4 相同的方法，在图纸的墙体上修剪并绘制出如图 5-20 所示的窗户图形。

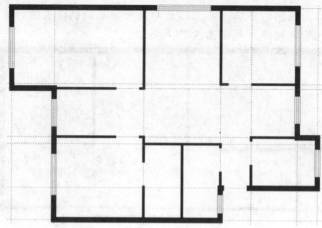

图5-20 修剪并绘制出的窗户图形

下面利用 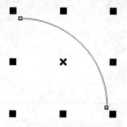工具和 工具，来绘制门造型。

6. 选择 工具，按住 Ctrl 键绘制一个直径为 "2000" 的圆形。

7. 单击属性栏中的 按钮，并设置 的参数分别为 "0" 和 "90"，将绘制的圆形调整为弧形，如图 5-21 所示。

8. 选择 工具，在弧形的左侧绘制一个矩形与弧形组合成门图形，如图 5-22 所示。

图5-21 调整出的弧形

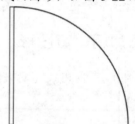

图5-22 绘制出的门图形

9. 用移动复制、镜像复制和旋转等操作，将绘制的门图形依次复制后分别放置在图纸中如图 5-23 所示的位置。

10. 再次利用 工具依次绘制出如图 5-24 所示的推拉门图形，完成门、窗图形的添加，并按 Ctrl+S 键保存。

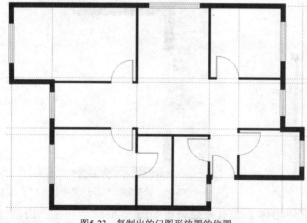

图5-23 复制出的门图形放置的位置

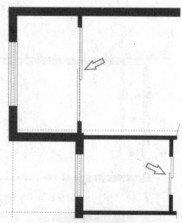

图5-24 绘制出的推拉门

5.1.3　绘制椅子及其他家具图形

下面运用各种绘图工具及复制操作来绘制家具图形，首先来绘制客厅的家具。

【步骤解析】

1. 接上例，执行【视图】/【辅助线】命令，将辅助线暂时隐藏。
2. 利用□工具及水平移动复制操作，绘制并复制出如图 5-25 所示的矩形。
3. 继续利用□工具，在两个矩形的下方绘制出如图 5-26 所示的矩形，注意图形的对齐。
4. 利用✐工具将各矩形的相交线形删除，最终效果如图 5-27 所示。

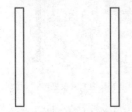　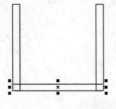　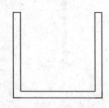

图5-25　绘制并复制出的矩形　　　　图5-26　绘制的矩形　　　　图5-27　删除相交线形后的效果

5. 仍利用□工具绘制矩形，然后在属性栏中将 的参数均设置为 "20"，将绘制的圆角矩形调整至如图 5-28 所示的位置。
6. 继续利用✐工具将两侧矩形中的虚拟段删除，绘制出的沙发图形效果如图 5-29 所示。

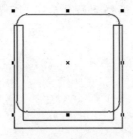　　　　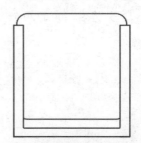

图5-28　圆角矩形放置的位置　　　　　　图5-29　绘制出的沙发图形

7. 将绘制的沙发图形全部选择并群组，然后调整至合适的大小后移动到如图 5-30 所示的位置。
8. 用镜像复制图形的方法，将沙发图形在垂直方向上镜像复制，然后将复制出的图形向上调整至如图 5-31 所示的位置。

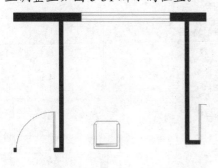　　　　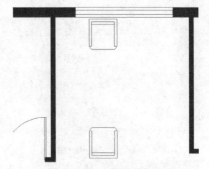

图5-30　沙发图形放置的位置　　　　　　图5-31　镜像复制出的图形

9. 用与绘制单个沙发图形相同的方法绘制出 3 人沙发图形，然后在其两侧绘制出如图 5-32 所示的茶几图形。

10. 继续利用基本绘图工具及移动复制操作绘制出客厅中的其他家具及家电，最终效果如图 5-33 所示。

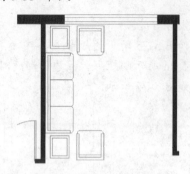

图5-32 绘制的 3 人沙发及茶几

图5-33 绘制出的其他家具及家电

接下来绘制椅子及餐桌图形。

11. 利用 □ 工具绘制出如图 5-34 所示的圆角矩形，然后单击属性栏中的 ⊕ 按钮，将其转换为曲线图形。

12. 选择 ▶ 工具，然后将圆角矩形右上角的两个节点同时框选，并向下调整至如图 5-35 所示的位置。

13. 利用 ▶ 工具将右下角的两个节点同时选择，然后向上调整至如图 5-36 所示的位置。

图5-34 绘制的圆角矩形

图5-35 选择节点向下调整的位置

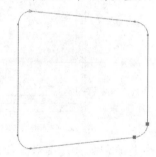

图5-36 选择节点向上调整的位置

14. 利用 ▨ 工具和 ▶ 工具绘制椅子靠背图形，然后为其填充白色，位置如图 5-37 所示。

15. 用与步骤 14 相同的方法绘制出另一靠背图形，效果如图 5-38 所示。

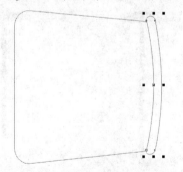

图5-37 绘制的靠背图形

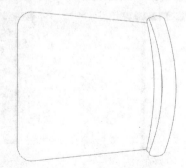

图5-38 绘制出的椅子图形

16. 用旋转、移动复制及镜像复制操作，依次复制椅子图形，然后绘制桌子图形。

17. 将绘制的餐桌及椅子图形选择并群组，调整至合适的大小后放置到如图 5-39 所示的位置。

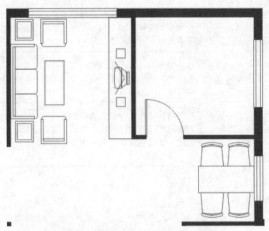

图5-39　餐桌及椅子图形放置的位置

18. 用与上面相同的绘制图形方法及复制操作，依次绘制出其他房间中的家具及家电图形，最终效果如图 5-40 所示。

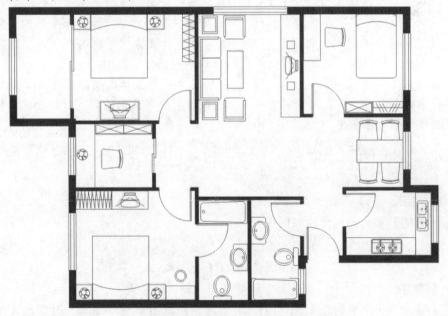

图5-40　绘制出的家具及家电图形

19. 按 Ctrl+S 键，将此文件保存。

5.2　形状编辑工具组

形状编辑工具组中的工具主要用于对图形进行变形及变换操作，包括【形状】工具、【涂抹笔刷】工具、【粗糙笔刷】工具和【自由变换】工具。其中【形状】工具在第 4.2 节已经讲解，下面以列表的形式来讲解其他 3 个工具的使用方法。

工 具	使 用 方 法
【涂抹笔刷】工具	【涂抹笔刷】工具的具体操作为：首先选择要涂抹的带有曲线性质的图形，然后选择 工具，在属性栏中设置好笔头的大小、形状及角度后，将鼠标光标移动到选择的图形内部，按下鼠标左键并向外拖曳，即可将图形向外涂抹。如将鼠标光标移动到选择图形的外部，按下鼠标左键并向内拖曳，可以在图形中将拖曳过的区域擦除
【粗糙笔刷】工具	【粗糙笔刷】工具的具体操作为：首先选择要对其进行编辑的曲线对象，然后选择 工具，并在属性栏中设置好笔头的大小、形状及角度后，将鼠标光标移动到选择的图形边缘，按下鼠标左键并沿图形边缘拖曳，即可使图形的边缘产生凹凸不平类似锯齿的效果
【自由变换】工具	【自由变换】工具的具体操作为：首先选择想要进行变换的对象，然后选择 工具，并在属性栏中设置好对象的变换方式，即激活相应的按钮。再将鼠标光标移动到绘图窗口中的适当位置，按下鼠标左键并拖曳（此时该点将作为对象变换的锚点），即可对选择的对象进行指定的变换操作

一、 【涂抹笔刷】工具 的属性栏

【涂抹笔刷】工具的属性栏如图 5-41 所示。

图5-41 【涂抹笔刷】工具的属性栏

- 【笔尖大小】 10.0 mm ：用于设置涂抹笔刷的笔头大小。
- 【在效果中添加水份浓度】 6 ：参数为正值时，可以使涂抹出的线条产生逐渐变细的效果；参数为负值时，可以使涂抹出的线条产生逐渐变粗的效果。
- 【为斜移设置输入固定值】 90.0° ：用于设置涂抹笔刷的形状，参数设置范围在"15～90"之间。数值越大，涂抹笔刷越接近圆形。
- 【为关系设置输入固定值】 .0° ：用于设置涂抹笔刷的角度，参数设置范围在"0～359"之间。只有将涂抹笔刷设置为非圆形的形状时，设置笔刷的角度才能看出效果。

> 要点提示 当计算机连接图形笔时，【涂抹笔刷】工具属性栏中的【使用笔压设置】按钮才会变为可用，激活此按钮，可以设置使用图形笔涂抹图形时带有压力。

二、 【粗糙笔刷】工具 的属性栏

【粗糙笔刷】工具的属性栏如图 5-42 所示。

图5-42 【粗糙笔刷】工具的属性栏

- 【笔尖大小】 50.0 mm ：用于设置粗糙笔刷的笔头大小。
- 【输入尖突频率的值】 3 ：用于设置在应用粗糙笔刷工具时图形边缘生成锯齿的数量。数值越小，生成的锯齿越少。参数设置范围在"1～10"之间，设置不同的数值时图形边缘生成的锯齿效果对比如图 5-43 所示。

图5-43 设置不同数值时生成的锯齿效果对比

- 【在效果中添加水分浓度】 1 ：用于设置拖动鼠标光标时图形增加粗糙尖突的数量，参数设置范围在"-10～10"之间，数值越大，增加的尖突数量越多。

- 【为斜移设置输入固定值】 45.0° : 用于设置产生锯齿的高度，参数设置
  范围在 "0～90" 之间，数值越小，生成锯齿的高度越高。图 5-44 所示为设置
  不同数值时图形边缘生成的锯齿状态。

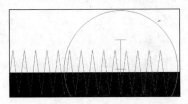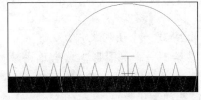

图5-44 设置不同数值时生成的锯齿状态

- 【尖突方向】 自动 ▼ : 可以设置生成锯齿的倾斜方向，包括【自动】和
  【固定方向】两个选项。当选择【自动】选项时，锯齿的方向将随机变换。当
  选择【固定方向】选项时，可以根据需要在右侧的【为关系输入固定值】
  .0 中设置相应的数值，来设置锯齿的倾斜方向。

三、【自由变换】工具 的属性栏

【自由变换】工具的属性栏如图 5-45 所示。

图5-45 【自由变换】工具的属性栏

- 【自由旋转工具】按钮 ：激活此按钮，在绘图窗口中的任意位置按下鼠标
  左键并拖曳，可将选择的图形以按下点为中心进行旋转。如果按住 Ctrl 键拖
  曳，可将图形按 15° 角的倍数进行旋转。
- 【自由角度镜像工具】按钮 ：激活此按钮，将鼠标光标移动到绘图窗口中
  的任意位置按下鼠标左键并拖曳，可将选择的图形以鼠标单击的位置为锚点，
  鼠标移动的方向为镜像对称轴来对图形进行镜像。
- 【自由调节工具】按钮 ：激活此按钮，将鼠标光标移动到绘图窗口中的任
  意位置，按下鼠标左键并拖曳，可将选择的图形进行水平和垂直缩放。如按住
  Ctrl 键向上拖曳，可等比例放大图形；按住 Ctrl 键向下拖曳，可等比例缩小
  图形。
- 【自由扭曲工具】按钮 ：激活此按钮，将鼠标光标移动到绘图窗口中的任
  意位置按下鼠标左键并拖曳，可将选择的图形进行扭曲变形。
- 【对象位置】 x: 96.424 mm / y: 135.303 mm ：用于设置当前选择对象的中心位置。
- 【旋转中心的位置】 96.424 mm / 135.303 mm ：用于设置当前选择对象的旋转中心位置。
- 【倾斜角度】 .0 / .0 ：用于设置当前选择对象在水平和垂直方向上的倾斜
  角度。
- 【应用到再制】按钮 ：激活此按钮，使用【自由变换】工具对选择的图形
  进行变形操作时，系统将首先复制该图形，然后再进行变换操作。
- 【相对于对象】按钮 ：激活此按钮，属性栏中的【X】和【Y】的数值将都
  变为 "0"。在【X】和【Y】的文本框中输入数值，如都输入 "15"，然后按
  Enter 键，此时当前选择的对象将相对于当前的位置分别在 X 轴和 Y 轴上移动
  15 个单位。

5.2.1 绘制花图形

下面运用【涂抹笔刷】工具和【粗糙笔刷】工具来绘制两组花图形。

【步骤解析】

1. 按 Ctrl+N 键新建一个图形文件。
2. 利用 ⬭ 工具绘制一个椭圆形，然后单击属性栏中的 ⬡ 按钮，将其转换为曲线图形。
3. 选择 ⬰ 工具，并设置属性栏中的参数，如图 5-46 所示，注意根据绘制图形的大小，可灵活设置笔头的大小。

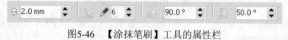

图5-46 【涂抹笔刷】工具的属性栏

4. 将鼠标光标移动到绘制的椭圆形中按下鼠标左键并向外拖曳，即可对椭圆形进行涂抹，效果如图 5-47 所示。
5. 依次将鼠标光标移动到椭圆形中按下鼠标左键并向外拖曳，将椭圆形涂抹出如图 5-48 所示的效果。注意一定要将鼠标光标移动到椭圆形的内部向外拖曳，否则会产生自外向内的涂抹效果。

图5-47 涂抹后的效果

图5-48 涂抹出的花图形

6. 选择 ⬡ 工具，在弹出的隐藏工具组中选择 ▣ 工具，弹出如图 5-49 所示的【渐变填充】对话框。
7. 单击【从】选项右侧的黑色色块，在弹出的列表中选择"白色"，然后单击【到】选项右侧的白色色块，在弹出的列表中选择"80%黑"，再将【类型】设置为"射线"，设置渐变色后的【渐变填充】对话框如图 5-50 所示。

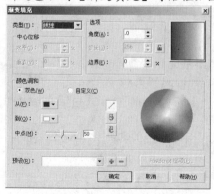

图5-49 【渐变填充】对话框

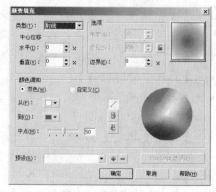

图5-50 设置的渐变色

8. 单击 确定 按钮，为涂抹后的图形填充设置的渐变色，然后将其轮廓色去除，效果如图 5-51 所示。

9. 用移动复制操作，依次移动复制图形，效果如图 5-52 所示。

图5-51 填充渐变色后的图形

图5-52 复制出的图形

接下来利用【粗糙笔刷】工具来绘制另一种花形。

10. 继续利用  工具绘制一个椭圆形，然后单击属性栏中的  按钮，将其转换为曲线图形。

11. 选择  工具，并设置属性栏中的参数，如图 5-53 所示。注意，读者可根据绘制图形的大小，灵活设置笔头的大小。

图5-53 【粗糙笔刷】工具的属性栏

12. 将鼠标光标移动到如图 5-54 所示的位置按下鼠标左键并沿椭圆形的边缘拖曳，释放鼠标左键后即可将椭圆形变形，效果如图 5-55 所示。

13. 执行【编辑】/【复制属性自】命令，在弹出的【复制属性】对话框中勾选如图 5-56 所示的复选项，然后单击 确定 按钮。

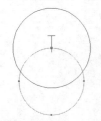

图5-54 鼠标光标放置的位置

图5-55 变形后的效果

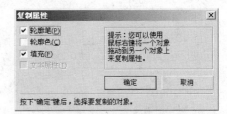

图5-56 【复制属性】对话框

14. 将鼠标光标移动到如图 5-57 所示的花形上单击，复制此图形的填充色并去除外轮廓，效果如图 5-58 所示。

15. 按键盘数字区中的 + 键，将图形在原位置复制，然后选择  工具，确认在属性栏中激活的 按钮，将鼠标光标移动到图形的中心位置按下鼠标左键并向右下方拖曳，旋转图形，状态如图 5-59 所示。

图5-57 鼠标光标放置的位置

图5-58 复制填充色及轮廓后的效果

图5-59 旋转图形时的状态

115

16. 释放鼠标左键后，图形旋转的形态如图 5-60 所示。

17. 激活属性栏中的 按钮，然后设置 90.0 / 90.0 的参数都为 "90"，调整复制图形大小后的效果如图 5-61 所示。

18. 将两个图形同时选择并群组，然后移动复制并调整大小制作出其他花形，如图 5-62 所示。

图5-60　旋转后的效果　　　　图5-61　缩小调整后的效果　　　　图5-62　制作出的花形

最后运用旋转复制操作来制作植物图形。

19. 利用 工具绘制圆形，然后为其填充白色。

20. 选择 工具并在圆形中绘制出如图 5-63 所示的线形。

21. 选择 工具，确认在属性栏中激活 按钮，将鼠标光标移动到图形的中心位置按下鼠标左键并向右下方拖曳，旋转图形，状态如图 5-64 所示。

22. 至合适位置后，在不释放鼠标左键的情况下单击鼠标右键，旋转复制出线形，效果如图 5-65 所示。

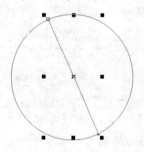
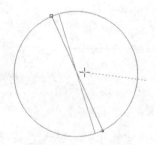
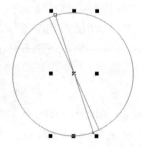

图5-63　绘制的线形　　　　图5-64　旋转线形时的状态　　　　图5-65　复制出的线形

23. 按 Ctrl+R 键重复复制线形，效果如图 5-66 所示。

24. 利用 工具将 3 条线形同时选择，然后按住 Ctrl 键，并用与步骤 21～22 相同的方法旋转复制线形，效果如图 5-67 所示。

25. 连续按两次 Ctrl+R 键重复复制线形，效果如图 5-68 所示。

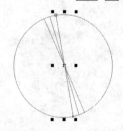
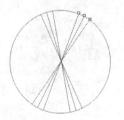
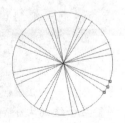

图5-66　重复复制出的线形　　　　图5-67　旋转复制出的线形　　　　图5-68　绘制出的图形

26. 将绘制的植物图形全部选择并群组，然后复制出如图 5-69 所示的图形。

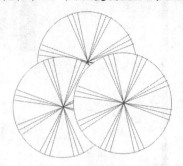

图5-69　复制出的图形

27. 至此，花形及植物图形绘制完成，按 Ctrl+S 键，将此文件命令名为"绿色植物及花形.cdr"保存。

5.2.2　在平面图中布置植物及花图形

下面灵活运用移动复制操作来布置平面图中的植物及花图形。

【步骤解析】

1. 接上例。

2. 将绘制的植物图形全部选择并群组，然后单击工具栏中的 🖳 按钮，将选择的图形复制。

3. 将"居室平面图.cdr"文件设置为工作状态，然后单击工具栏中的 🖳 按钮，将复制的植物图形粘贴至平面图中。

4. 将植物图形调整至合适的大小后移动到如图 5-70 所示的位置，然后将其移动复制到另一卧室中，效果如图 5-71 所示。

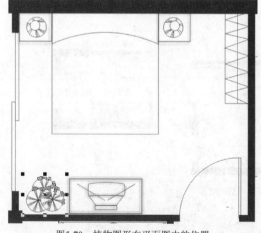

图5-70　植物图形在平面图中的位置

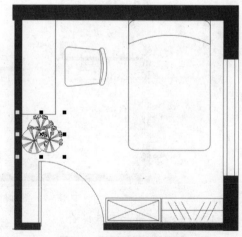

图5-71　移动复制出的植物图形

5. 将"绿色植物及花形.cdr"文件设置为工作状态，然后将第一组花图形选择并复制。

6. 将"居室平面图.cdr"文件设置为工作状态，然后将复制的花形粘贴至当前文件中，并调整至合适的大小后放置到如图 5-72 所示的位置。

7. 用移动复制图形操作依次移动复制花图形，并分别将其放置到如图 5-73 所示的位置。

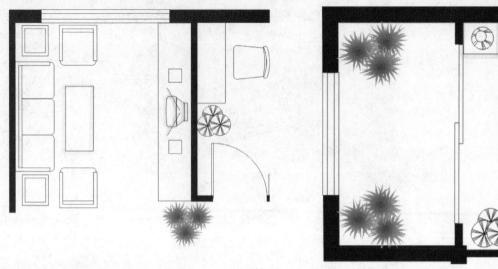

图5-72　花图形放置的位置　　　　　　　　　　　　　　　　　图5-73　复制出的花形

8. 用与步骤 5～7 相同的方法，将第二组花图形移动复制到平面图中，并分别移动复制，最终效果如图 5-74 所示。

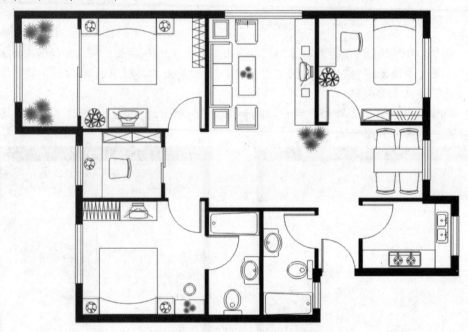

图5-74　添加植物及花图形后的效果

9. 按 Ctrl+S 键，将此文件保存。

5.3　度量工具

利用【度量】工具 对图形进行标注操作，主要分为一般标注、标注线标注和角度标注。下面来分别讲解其使用方法。

5.3.1　度量工具应用

一、　一般标注

一般标注包括【自动度量工具】、【垂直度量工具】、【水平度量工具】和【倾斜度量工具】4 种，其标注方法相同。首先选择 工具，然后在属性栏中单击 ⬆ 按钮、 Ⅰ 按钮、 ↔ 按钮或 ✏ 按钮，再将鼠标光标移动到要标注的图形上单击，确定标注的起点。移动鼠标光标至合适的位置，再次单击确定标注的终点。移动鼠标确定标注文本的位置，释放鼠标左键后，即完成一般标注。

二、　标记线标注

标记线标注包括一段标记线标注和两段标记线标注。选择 工具，然后在属性栏中单击 ✏ 按钮，将鼠标光标移到要标注的图形中单击，确定标记线引出的位置，即标注的起点。移动鼠标光标至合适位置单击，确定第一段标记线的结束位置，即标注的转折点。再次移动鼠标光标至合适位置单击，确定第二段标记线的结束位置，即标注的终点。此时，将出现插入光标闪烁符，输入说明文字，即可完成两段标记线标注。

> **要点提示**　如果要制作一段标记线标注，可在确定第一段标记线的结束位置时双击，然后输入说明文字即可。两段标记线和一段标记线的标注如图 5-75 所示。

三、　角度标注

选择 工具，然后在属性栏中单击 ↻ 按钮，将鼠标光标移动到要标注的图形中，依次单击要标注角的顶点、一条边上的标记点、另一条边上的标记点，最后移动鼠标光标确定角度标注文本的位置，确定后单击即可完成角度标注，如图 5-76 所示。

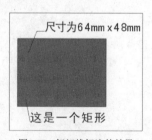

图5-75　标记线标注的效果

图5-76　角度标注

四、　【度量】工具 的属性栏

【度量】工具的属性栏如图 5-77 所示。

图5-77　【度量】工具的属性栏

- 【自动度量工具】按钮 ⬆ ：激活此按钮，可以对图形进行垂直或水平标注。
- 【垂直度量工具】按钮 Ⅰ ：激活此按钮，只能对图形进行垂直标注。
- 【水平度量工具】按钮 ↔ ：激活此按钮，只能对图形进行水平标注。
- 【倾斜度量工具】按钮 ✏ ：激活此按钮，可以对图形进行垂直、水平或斜向标注。

- 【标注工具】按钮 ⟋ ：激活此按钮，可以对图形上的某一点或某一个地方进行标注，但标注线上的文本需要自己去填写。
- 【角度量工具】按钮 ⤴ ：激活此按钮，可以对图形进行角度标注。
- 【度量样式】 十进制 ▾ ：用于选择标注样式。
- 【度量精度】 0.00 ▾ ：用于设置在标注图形时数值的精确度，小数点后面的"0"越多，表示对图形标注的越精确。
- 【尺寸单位】 mm ▾ ：用于设置标注图形时的尺寸单位。
- 【显示尺度单位】按钮 ：激活此按钮，在对图形进行标注时，将显示标注的尺寸单位；否则只显示标注的尺寸。
- 【尺寸的前缀】 前缀： 和【尺寸的后缀】 后缀： ：在这两个文本框中输入文字，可以为标注添加前缀和后缀，即除了标注尺寸外，还可以在标注尺寸的前面或后面添加其他的说明文字。
- 【动态度量】按钮 ：当对图形进行修改时，激活此按钮时添加的图形标注的尺寸也会随之变化；未激活此按钮时添加的图形标注尺寸不会随图形的调整而改变。
- 【文本位置下拉式对话框】按钮 ：单击此按钮，可以在弹出如图 5-78 所示的【标注样式】选项面板中设置标注时文本所在的位置。

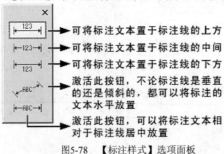

图5-78　【标注样式】选项面板

5.3.2　为平面图添加标注

下面运用【度量】工具 为平面图添加标注。

【步骤解析】

1. 接上例，执行【视图】/【辅助线】命令，将辅助线再次调出，以利于标注的添加。
2. 选择 字 工具，在属性栏中将文字的【字体大小】 6 pt ▾ 设置为"6 pt"，单击即可弹出【文本属性】对话框，单击 确定 按钮将文字默认的字号修改。
3. 选择 工具，并设置属性栏中的选项及参数，如图 5-79 所示。

图5-79　【度量】工具的属性栏

4. 将鼠标光标移动到阳台墙体图形的左上角，在辅助线的交叉点位置单击鼠标左键，确定标注的第 1 点，状态如图 5-80 所示。

5. 向下移动鼠标光标，至阳台墙体图形的左下角，在辅助线的交叉点位置单击鼠标左键，确定标注的终点，状态如图 5-81 所示。

6. 再次向左上方移动鼠标光标，确定标注文字的位置，如图 5-82 所示。

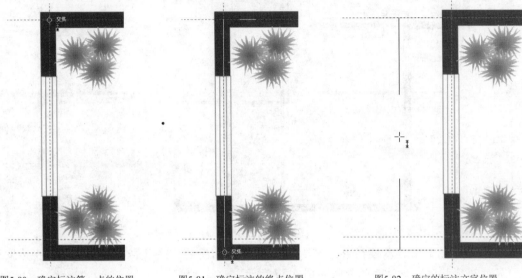

图5-80　确定标注第一点的位置　　　图5-81　确定标注的终点位置　　　图5-82　确定的标注文字位置

7. 单击鼠标左键后即可完成对图形的尺寸标注操作，如图 5-83 所示。

8. 单击属性栏中的 按钮，在弹出的【标注样式】选项面板中选择如图 5-84 所示的选项，即将标注文字放置到标注线的中间位置，效果如图 5-85 所示。

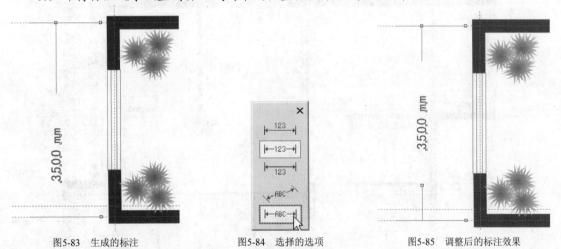

图5-83　生成的标注　　　　　　图5-84　选择的选项　　　　　　图5-85　调整后的标注效果

9. 用与步骤 4～8 相同的标注方法，在平面图中依次对垂直方向的尺寸进行标注，标注后的效果如图 5-86 所示。注意灵活调整标注文本的位置，即在【标注样式】选项面板中根据标注的尺寸大小灵活选择不同的选项。

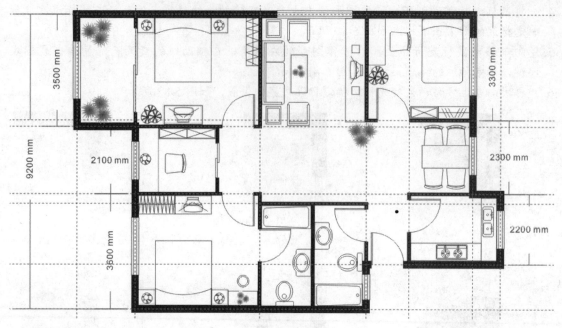

图5-86　添加的标注

10. 激活【度量】工具属性栏中的 ⊢ 按钮，然后用相同的方法，在平面图中对水平方向的尺寸进行标注，标注后的效果如图 5-87 所示。

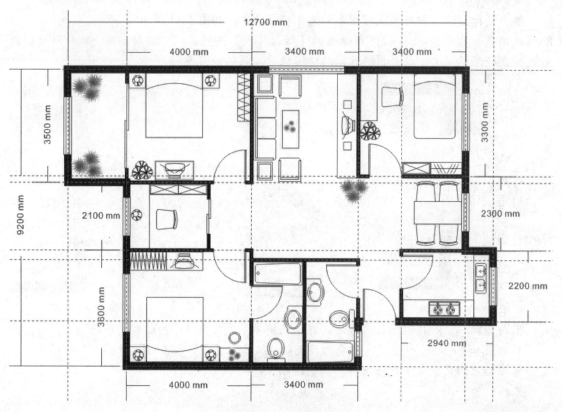

图5-87　添加的水平标注

11. 执行【视图】/【辅助线】命令，将绘图窗口中的辅助线隐藏。然后选择 字 工具，设置合适的文字大小后，在平面图中输入各房间的名称，如图 5-88 所示。

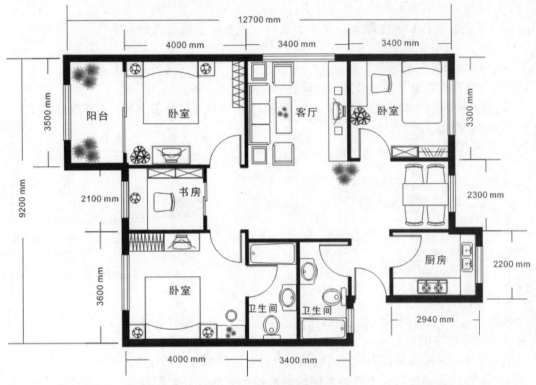

图5-88　输入的文字

12. 至此，室内平面图就标注完成了。按 Ctrl+S 键保存。

5.4　表格工具

【表格】工具 是 CorelDRAW X4 中的新增工具，用于在图像文件中添加表格图形。其使用方法非常简单，选择 工具后，在绘图窗口中拖曳鼠标光标即可绘制出表格。绘制后还可在属性栏中修改表格的行数和列数，并能进行单元格的合并和拆分等。

一、　【表格】工具 的属性栏

【表格】工具的属性栏如图 5-89 所示。

图5-89　【表格】工具的属性栏

- 【表格中的行数和列数】 ：用于设置绘制表格的行数和列数。
- 【为表格选择背景色或取消选择背景色】 背景：：单击该按钮，可在弹出的列表中选择颜色，为选择的表格添加背景色。当选择左上角的 图标叫，将取消背景色。
- 【编辑填充】按钮 ：当为表格添加背景色后，此按钮才可用，单击此按钮可在弹出的【均匀填充】对话框中编辑颜色。

- 【边框】边框：□：单击□按钮，将弹出如图 5-90 所示的边框选项，用于选择表格的边框。
- 【选择轮廓宽度或键入新宽度】 .2 mm ▾：用于设置边框的宽度。
- 【边框颜色】色块■▾：单击该色块，可在弹出的颜色列表中选择边框的颜色。
- 【"轮廓笔"对话框】按钮 ☊：单击此按钮，将弹出【轮廓笔】对话框，用于设置边框轮廓的其他属性，如将边框设置为虚线等。
- 选项 ▾ 按钮：单击此按钮将弹出如图 5-91 所示的【选项】面板，用于设置单元格的属性。

图5-90　边框选项

图5-91　【选项】面板

二、　选择单元格

选择单元格的具体操作为：确认绘制的表格图形处于选择状态且选择▦工具，将鼠标光标移动到要选择的单元格中，当鼠标光标显示为⊕形状时单击，即可将该单元格选择，如显示为⊕形状时拖曳鼠标光标，可将鼠标光标经过的单元格按行、按列选择。

- 将鼠标光标移动到表格的左侧，当鼠标光标显示为➡图标时单击可将当前行选择，如按下鼠标左键拖曳，可将相临的行选择。
- 将鼠标光标移动到表格的上方，当鼠标光标显示为⬇图标时单击可将当前列选择，如按下鼠标左键拖曳，可将相临的列选择。

要点提示　将鼠标光标放置到表格图形的任意边线上，当鼠标光标显示为↕或 ↔ 形状时按下鼠标左键并拖曳，可调整整行或整列单元格的高度或宽度。

当选择单元格后，【表格】工具的属性栏如图 5-92 所示。

图5-92　【表格】工具的属性栏

- 页边距 ▾ 按钮：单击此按钮将弹出如图 5-93 所示的设置页边距面板，用于设置表格中文字距当前单元格的距离。单击其中的🔒按钮使其显示为🔓状态，可分别在各文本框中输入不同的数值，以设置不同的页边距。

图5-93　设置页边距面板

- 【将选定的单元格合并为一个单元格】按钮🔲：单击此按钮，可将选择的单元格合并为一个单元格。

- 【将选定单元格水平拆分为特定数目的单元格】按钮 ⊟ : 单击此按钮，可弹出【拆分单元格】对话框，设置数值后单击 确定 按钮，可将选择的单元格按设置的行数拆分。

- 【将选定单元格垂直拆分为特定数目的单元格】按钮 ⊡ : 单击此按钮，可弹出【拆分单元格】对话框，设置数值后单击 确定 按钮，可将选择的单元格按设置的列数拆分。

- 【将选定的单元格拆分为其合并之前的状态】按钮 吕 : 只有选择利用 吕 按钮合并过的单元格，此按钮才可用。单击此按钮，可将当前单元格还原为没合并之前的状态。

下面灵活运用 ▦ 工具来绘制平面图中的说明表格。

【步骤解析】

1. 新建一个图形文件。

2. 选择 ▦ 工具，并设置属性栏中 ▦ 的参数分别为 "5" 和 "7"，然后在绘图窗口中拖曳鼠标光标，绘制出如图 5-94 所示的表格。

图5-94　绘制的表格

3. 将鼠标光标移动到如图 5-95 所示的位置，当鼠标光标显示为双向箭头时按下鼠标左键并向左拖曳。

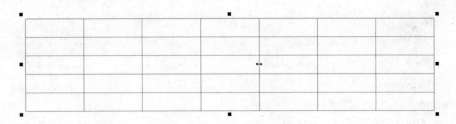

图5-95　鼠标光标放置的位置

4. 至如图 5-96 所示的位置释放鼠标，即可调整线形。

图5-96　线形调整的位置

5. 将鼠标光标移动到表格的左上方，当鼠标光标显示为如图 5-97 所示的 ⬇ 图标时，按下鼠标左键并向右拖曳，选择如图 5-98 所示的单元格。

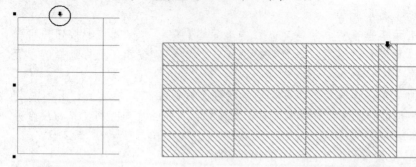

图5-97　鼠标光标的位置及形态　　　　　　　　　　　　　　图5-98　选择的单元格

6. 执行【表格】/【分布】/【列均分】命令，将选择的单元格调整为相同的宽度，效果如图 5-99 所示。

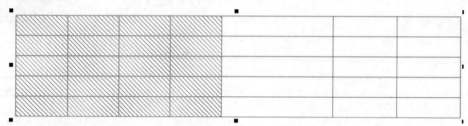

图5-99　均匀分布列后的效果

7. 将鼠标光标移动到左上角的单元格中，当鼠标光标显示为如图 5-100 所示的 ⊕ 图标时按下鼠标左键并向右下方拖曳，选择如图 5-101 所示的单元格。

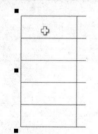　　　　　　　　　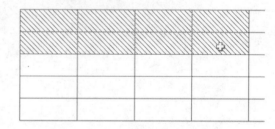

图5-100　鼠标光标显示的状态　　　　　　　　　　　　图5-101　选择的单元格

8. 单击属性栏中的 图 按钮，将选择的单元格合并为一个单元格，效果如图 5-102 所示。

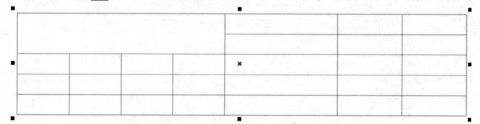

图5-102　选择单元格合并后的效果

9. 用与步骤 3~4 相同的方法，依次对第 5 列和第 6 列的单元格宽度进行调整，调整后的效果如图 5-103 所示。

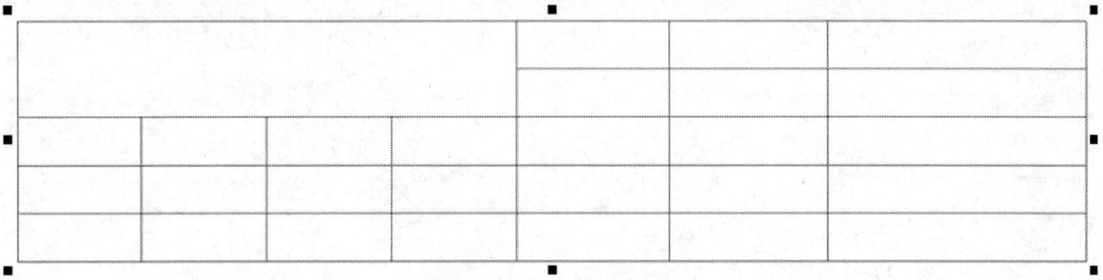

图5-103　调整单元格宽度后的效果

10. 用与步骤 7~8 相同的方法，依次选择单元格进行合并，效果如图 5-104 所示。

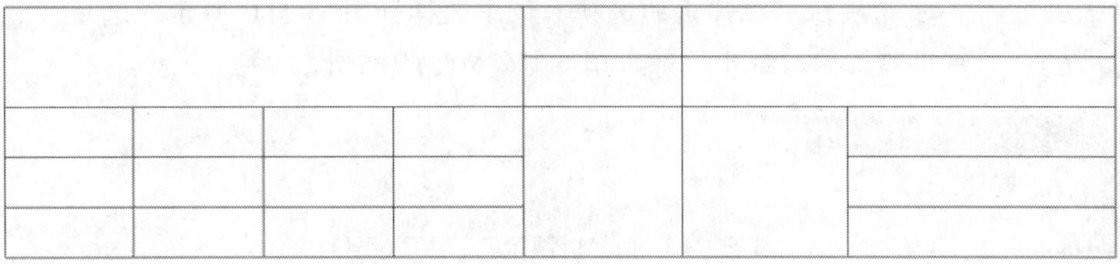

图5-104　各单元格合并后的效果

11. 将右下角如图 5-105 所示的单元格选择，然后单击属性栏中的 ⊡ 按钮，在弹出的【拆分单元格】对话框中将【栏数】设置为 "2"，单击　确定　按钮，选择单元格拆分后的效果如图 5-106 所示。

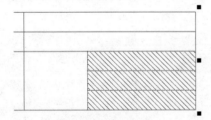

图5-105　选择的单元格

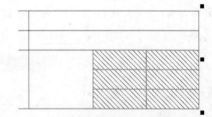

图5-106　拆分后的效果

12. 将拆分单元格中间的线形向左轻微移动位置，然后将所有单元格同时选择，如图 5-107 所示。

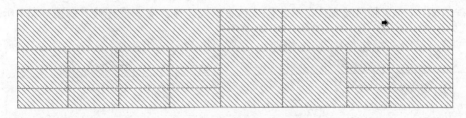

图5-107　选择的单元格

13. 单击属性栏中的 页边距 ▾ 按钮，在弹出的设置页边距面板中将数值都设置为 "0 mm"。

14. 将鼠标光标移动到左上角的单元格中，当鼠标光标显示为 I 形状时单击，插入文字输入符，如图 5-108 所示，然后依次输入如图 5-109 所示的文字。

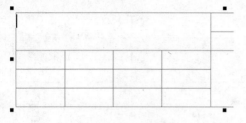

图5-108　插入的文字输入符　　　　　　　　　　　　　图5-109　输入的文字

15. 将鼠标光标移动到文字的右侧按下鼠标左键并向左拖曳，将文字选择，如图 5-110 所示。

16. 单击属性栏中的 ▤ 按钮，在弹出的选项面板中选择如图 5-111 所示的选项，然后单击 ▤ 按钮，在弹出的选项面板中选择如图 5-112 所示的选项。

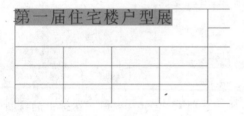

图5-110　选择的文字　　　　　图5-111　选择的水平居中选项　　　　图5-112　选择的垂直居中选项

17. 将属性栏中的 [T 黑体 ▼] 设置为"黑体"、[11 pt] 的参数设置为"11 pt"，设置文字字体、字号及位置后的效果如图 5-113 所示。

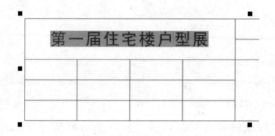

图5-113　文字调整后的效果

18. 用与步骤 14～17 相同的方法，依次在表格中输入其他文字，最终效果如图 5-114 所示。

第一届住宅楼户型展		参展单位			
		施工单位			
审定	设计	图纸内容	室内平面布置图	比例	1：100
审核	制图			编号	
项目管理	核对			日期	

图5-114　制作完成的说明表格

19. 至此，说明表格绘制完成，按 Ctrl+S 键，将此文件命名为"表格.cdr"保存。

5.5　添加说明

下面为平面图添加相关说明，完成平面图的绘制。

【步骤解析】

1. 将"居室平面图.cdr"文件设置为工作状态。

2. 双击 工具，添加与页面相同大小的矩形，然后按键盘数字区中的 ＋ 键，将矩形在原位置复制，再将复制出的图形调整至如图 5-115 所示的大小。

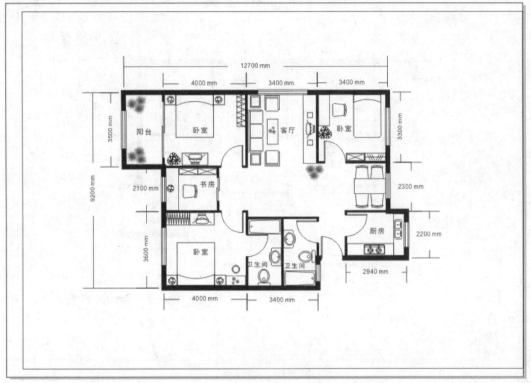

图5-115　添加的矩形边框

3. 将"表格.cdr"文件设置为工作状态，然后将表格图形选择并按 Ctrl + C 键复制，再将"居室平面图.cdr"文件设置为工作状态，按 Ctrl + V 键，将复制的表格图形粘贴至当前文件中。

4. 将表格图形调整至如图 5-116 所示的大小及位置，注意要将其与复制出的矩形以右下角对齐。

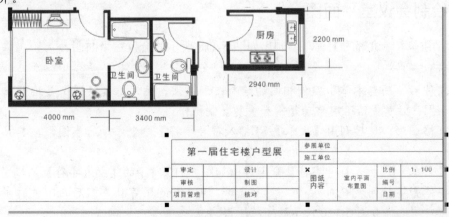

图5-116　表格图形放置的位置

5. 利用 字 工具和 工具，在平面图中依次输入如图 5-117 所示的文字，即可完成居室平面图的绘制。

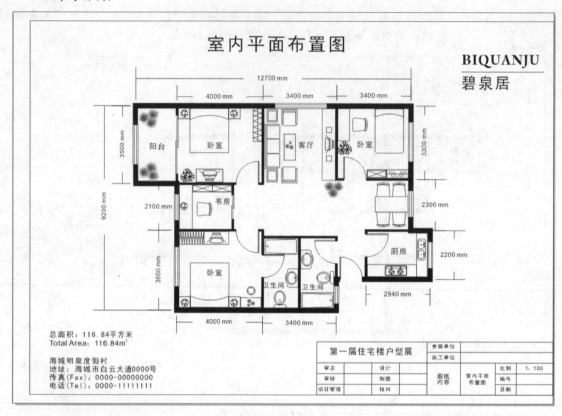

图5-117　输入的文字

6. 按 Ctrl+S 键将此文件保存。

5.6　拓展案例

通过本章的学习，读者自己动手绘制出下面的会议室平面图及小区活动室总平面图。

5.6.1　绘制会议室平面图

灵活运用本章中讲解的工具，绘制出如图 5-118 所示的会议室平面图。

【步骤解析】

1. 新建文件后，用与本章中案例相同的绘制图形方法，运用基本绘图工具绘制出会议室的平面图，注意灵活运用移动复制和重复复制操作。

2. 绘制表格图形，然后利用【文本】/【插入符号字符】命令添加标志图形，其具体操作为：

(1) 执行【文本】/【插入符号字符】命令弹出如图 5-119 所示的【插入字符】泊坞窗。

(2) 在【字体】下拉列表 *O* Arial ▼ 中选择 "Webdings" 字体，然后在下方的字符图形预览窗口中选择如图 5-120 所示的字符图形。

(3) 将选择的字符图形拖曳到绘图窗口中，然后为其填充红色并去除外轮廓，再将其调整至合适的大小后放置到画面的右上角，如图 5-121 所示。

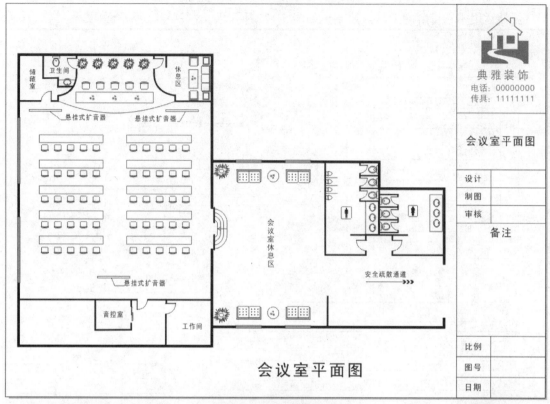

图5-118　绘制的会议室平面图

图5-119　【插入字符】泊坞窗

图5-120　选择的字符图形

图5-121　字符图形调整后的形态及位置

5.6.2　绘制小区活动室总平面图

灵活运用本章讲解的工具，绘制出如图 5-122 所示的小区活动室总平面图。

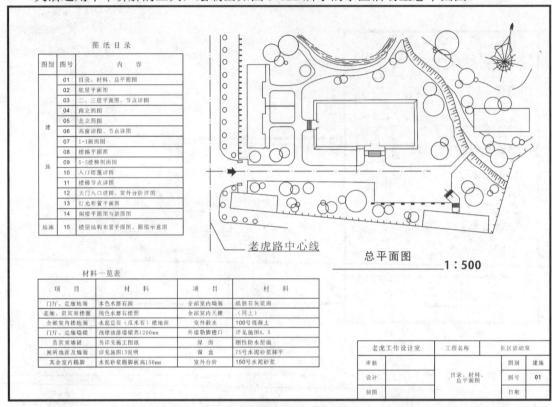

图5-122　绘制的小区活动室总平面图

【步骤解析】

灵活运用各种绘图工具绘制平面图，其中，中心线的绘制方法如下。

1. 利用 ✎ 工具绘制线形，然后选择 ✎ 工具，在弹出的【轮廓笔】对话框中单击 编辑样式... 按钮。

2. 再在弹出的【编辑线条样式】对话框中编辑线条的样式，如图 5-123 所示。

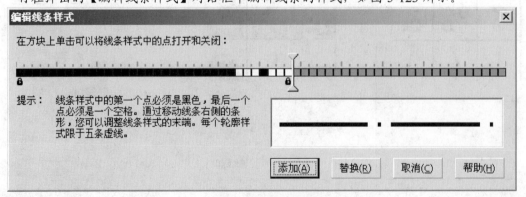

图5-123　编辑的线条样式

> **要点提示**　在【编辑线条样式】对话框中用鼠标拖曳滑块或在滑块左侧的小方格中单击，就可以编辑修改线条样式。

3. 单击 添加(A) 按钮，将编辑的线条样式添加到样式列表中，然后在【轮廓笔】对话框中的【样式】下拉列表中选择新编辑的线条样式。

4. 单击 确定 按钮，即可将绘制的直线设置为中心线样式。

5. 灵活运用 工具绘制出平面图中的表格，即可完成小区活动室总平面图的绘制。

5.7　小结

　　本章主要介绍了工具箱中的编辑工具，包括裁剪工具组、形状工具组、度量工具及表格工具。通过本章的学习，希望读者能掌握各工具的命令。另外，通过绘制室内平面图的案例，也希望读者能进一步掌握设置比例尺、辅助线和图形轮廓线的方法及添加图纸尺寸标注的方法。

第6章 填充工具——圣诞贺卡设计

本章主要介绍各种填充工具的使用方法，利用填充工具，除了可以为图形填充单色外，还可以填充渐变色、图案或纹理。填充工具包括【填充颜色对话框】工具■、【渐变填充对话框】工具■、【图样填充对话框】工具■、【底纹填充对话框】工具■、【PostScript 填充对话框】工具■、【交互式填充】工具◆和【交互式网状填充】工具■，下面分别对其进行介绍。

【学习目标】

- 掌握渐变填充工具的应用。
- 掌握设置各种渐变色的方法。
- 掌握为图形填充各种图案的方法。
- 熟悉为图形填充底纹及纹理图案的方法。
- 了解【交互式填充】工具的应用。
- 掌握【交互式网状填充】工具的应用。
- 熟悉【交互式透明】工具的应用。

6.1 渐变填充

利用【渐变填充对话框】工具可以为图形添加渐变效果，使图形产生立体感或材质感。

6.1.1 【渐变填充对话框】工具

选中图形后，选择【渐变填充对话框】工具■，弹出如图 6-1 所示的【渐变填充】对话框。

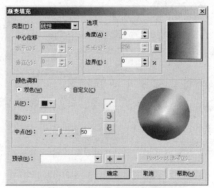

图6-1 【渐变填充】对话框

在【类型】下拉列表中包括【线性】、【射线】、【圆锥】和【方角】4 种渐变方式，图 6-2 所示为分别使用这 4 种渐变方式时所产生的渐变效果。

【线性】渐变　　　　【射线】渐变　　　　　【圆锥】渐变　　　　　【方角】渐变

图6-2　不同渐变方式所产生的渐变效果

当在【类型】下拉列表中选择除【线性】渐变外的其他选项时，【中心位移】栏即可变为可用状态，它主要用于调节渐变中心点的位置。当调节【水平】选项时，渐变中心点的位置可以在水平方向上移动；当调节【垂直】选项时，渐变中心点的位置可以在垂直方向上移动。也可以同时改变【水平】和【垂直】的数值来对渐变中心进行调节。图 6-3 所示为设置与未设置【中心位移】栏中数值时的图形填充效果对比。

在【选项】的下面又包括 3 个选项，功能如下。

- 【角度】：用于改变渐变颜色的渐变角度，如图 6-4 所示。

图6-3　设置与未设置【中心位移】后的图形填充效果　　　　　图6-4　未设置与设置【角度】后的图形填充效果

- 【步长】：激活右侧的【锁定】按钮🔒后，此选项才可用。主要用于对当前渐变的发散强度进行调节，数值越大，发散越大，渐变越平滑，如图 6-5 所示。
- 【边界】：决定渐变光源发散的远近度，数值越小发散得越远（最小值为"0"），如图 6-6 所示。

图6-5　设置不同【步长】时图形的填充效果　　　　　图6-6　设置不同【边界】时图形的填充效果

在【颜色调和】栏中包括【双色】和【自定义】两种颜色调和方式。点选【双色】单选项，可以单击【从】按钮■▼和【到】按钮□▼来选择要渐变调和的两种颜色；点选【自定义】单选项，可以为图形填充两种或两种颜色以上颜色混合的渐变效果，此时的【渐变填充】对话框如图 6-7 所示。

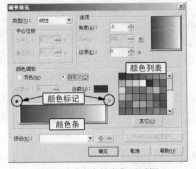

图6-7　【渐变填充】对话框

下面来介绍【自定义】渐变颜色的设置方法。

1. 首先在紧贴 颜色条的上方位置双击，添加一个小三角形，即添加了一个颜色标记，如图 6-8 所示。

2. 在右边的颜色列表中选择要使用的颜色，如"红"颜色，颜色条将变为如图 6-9 所示的状态。

图6-8　添加的小三角形形态　　　　　　　　　　图6-9　选择颜色时的状态

3. 将鼠标光标放置在小三角形上，按下鼠标左键进行拖曳，可以改变小三角形的位置，从而改变渐变颜色的设置，如图 6-10 所示。

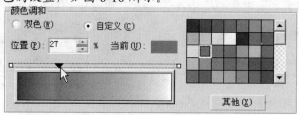

图6-10　改变颜色位置时的状态

　用上述方法，在颜色条上增加多个颜色标记，并设置不同的颜色，即可完成自定义渐变颜色的设置。如果右侧的颜色列表中没有读者需要的颜色，可以单击其下方的 其他(Q) 按钮，在弹出的【选择颜色】对话框中自行调制需要的颜色。另外，在颜色标记上双击，可将该颜色标记从颜色条上删除。

在【预设】下拉列表中包括软件自带的渐变效果，用户可以直接选择需要的渐变效果来完成图形的渐变填充。如图 6-11 所示为选择不同渐变后的图形渐变填充效果。

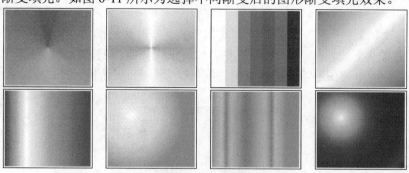

图6-11　选择不同渐变后的图形填充效果

- 【添加】按钮 ⊕：单击此按钮，可以将当前设置的渐变效果命名后保存至【预设】下拉列表中。注意，一定要先在【预设】下拉列表中输入保存的名称，然后再单击此按钮。

- 【删除】按钮 ▭：单击此按钮，可将当前【预设】下拉列表中的渐变选项删除。

6.1.2 绘制雪人

下面灵活运用【渐变填充对话框】工具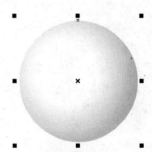来绘制雪人图形。

【步骤解析】

1. 按 Ctrl+N 键新建一个图形文件。
2. 选择○工具，按住 Ctrl 键绘制一圆形作为雪人的身体图形，然后选择【渐变填充对话框】工具，弹出【渐变填充】对话框，设置各选项及参数如图 6-12 所示。
3. 单击 确定 按钮，为圆形填充渐变色，然后去除图形的外轮廓，效果如图 6-13 所示。

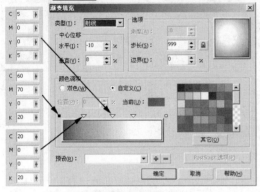

图6-12 【渐变填充】对话框

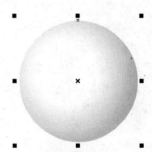

图6-13 填充渐变色后的图形效果

4. 将圆形垂直向上移动复制，并将复制出的图形调整至如图 6-14 所示的大小及位置，作为雪人的头部。
5. 按键盘数字区中的+键，将头部图形在原位置复制，并为复制出的图形填充粉蓝色（C:20,M:20,K:10），效果如图 6-15 所示。
6. 在工具箱中的工具上按下鼠标左键不放，然后在弹出的隐藏工具组中选择工具，再将鼠标光标移动到圆形的上方按下鼠标左键并向下拖曳，为圆形添加如图 6-16 所示的交互式透明效果。

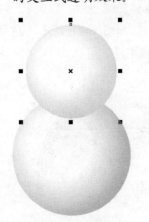

图6-14 复制的图形

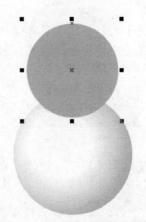

图6-15 填充颜色后的图形效果

图6-16 添加的交互式透明效果

7. 利用工具和工具，在雪人的头部上方绘制并调整出如图 6-17 所示的不规则图形，作为雪人的帽子。

8. 选择 █ 工具，弹出【渐变填充】对话框，设置各选项及参数，如图 6-18 所示。

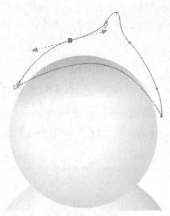

图6-17　绘制的图形

图6-18　【渐变填充】对话框

9. 单击 ▢确定▢ 按钮，填充渐变色，然后去除图形的外轮廓，效果如图 6-19 所示。

10. 继续利用 ▨ 工具和 ▨ 工具，在雪人的帽子下方绘制并调整出如图 6-20 所示的不规则图形，作为帽沿。

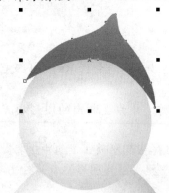

图6-19　填充渐变色后的图形效果

图6-20　绘制的图形

11. 选择 █ 工具，弹出【渐变填充】对话框，设置各选项及参数，如图 6-21 所示，然后单击 ▢确定▢ 按钮，填充渐变色并去除外轮廓，效果如图 6-22 所示。

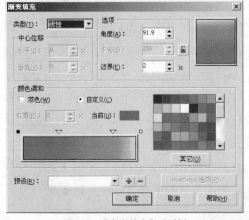

图6-21　【渐变填充】对话框

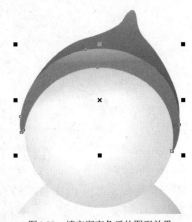

图6-22　填充渐变色后的图形效果

12. 用与步骤 7～9 相同的方法，利用📋工具和🖌工具依次绘制图形并填充渐变色，绘制出的绒球和鼻子图形如图 6-23 所示。

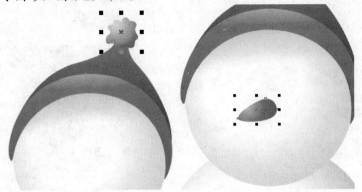

图6-23 绘制的绒球和鼻子图形

13. 将鼻子图形向左上角轻微移动并复制，然后将下方鼻子图形的填充色修改为灰色（K:20），效果如图 6-24 所示。

14. 利用🖌工具在雪人的头部位置绘制出如图 6-25 所示的倾斜椭圆形。

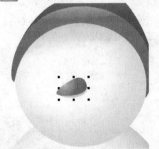

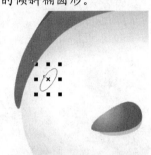

图6-24 复制出的图形　　　　　　　　　　　　图6-25 绘制的椭圆形

15. 选择█工具，弹出【渐变填充】对话框，设置各选项及参数，如图 6-26 所示，然后单击 确定 按钮，去除轮廓后的图形效果如图 6-27 所示。

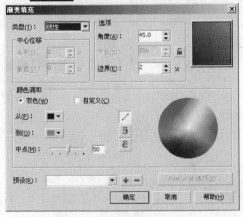

图6-26 【渐变填充】对话框　　　　　　图6-27 填充渐变色后的图形效果

16. 利用⬭工具在椭圆形的下方再绘制一个圆形，然后为其填充渐变色作为雪人的眼睛图形，填充的渐变色及图形效果如图 6-28 所示。

17. 继续利用⬭工具绘制出如图 6-29 所示的洋红色圆形，作为卡通的腮红图形。

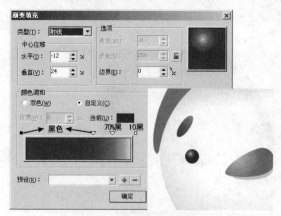

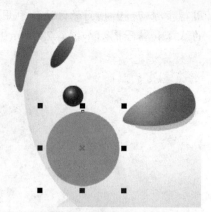

图6-28　绘制的眼睛图形　　　　　　　　　　　图6-29　绘制的腮红图形

在下面的操作过程中，如再遇到去除图形外轮廓的操作，将不再叙述，读者可看图示中的效果，如不带轮廓，为图形填色后自行将轮廓去除即可。

18. 选择 工具，并将属性栏中的 射线 设置为"射线"，为腮红图形添加交互式透明效果，如图 6-30 所示。

19. 单击属性栏中的 按钮，弹出【渐变透明度】对话框，设置渐变颜色，如图 6-31 所示。

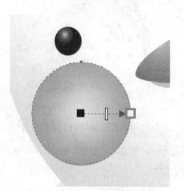

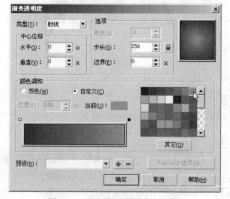

图6-30　添加的交互式透明效果　　　　　　　　图6-31　【渐变透明度】对话框

20. 单击 确定 按钮，设置透明度参数后的交互式透明效果如图 6-32 所示。

21. 将鼠标光标放置到【透明度结束手柄】图标上，按住鼠标左键并向左拖曳，调整透明度的结束位置，效果如图 6-33 所示。

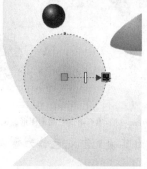

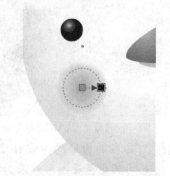

图6-32　设置透明度参数后的效果　　　　　　　图6-33　调整透明度结束位置后的效果

22. 将眼睛和腮红图形同时选择，然后按住 Ctrl 键将鼠标光标放置到如图 6-34 所示的位置，按住鼠标左键并向右拖曳，当出现蓝色线框时，在不释放鼠标左键的情况下单击鼠标右键，将选择的图形水平镜像复制。

23. 将复制出的眼睛和腮红图形向右移动位置，然后利用 工具和 工具，绘制并调整出如图 6-35 所示的黑色嘴图形。

图6-34　鼠标光标放置的位置

图6-35　绘制的嘴图形

24. 继续利用 工具和 工具，绘制并调整出如图 6-36 所示的围巾图形。

25. 将桔红色图形选择后按键盘数字区中的 + 键，将其在原位置复制，然后将复制出图形的填充色修改为深黄色，效果如图 6-37 所示。

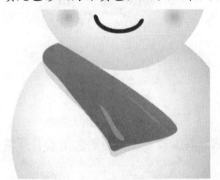

图6-36　绘制的围巾图形

图6-37　复制的图形

26. 利用 工具，为复制出的图形添加如图 6-38 所示的交互式透明效果。

27. 用与步骤 24～26 相同的方法，依次绘制出如图 6-39 所示的图形，完成围巾的绘制。

图6-38　添加的交互式透明效果

图6-39　绘制完成的围巾图形

28. 利用 🔘 工具依次绘制出如图 6-40 所示的蓝灰色（C:8,K:8）和海洋绿色（C:20,K:40）的椭圆形。

29. 选择 🔳 工具，将鼠标光标移动到海洋绿色的椭圆形上，按住鼠标左键向蓝灰色图形上拖曳，为其添加交互式调和效果，然后将属性栏中 🔲5 ▾ 的参数设置为 "5"，设置调和步数后的调和效果如图 6-41 所示。

图6-40　绘制的椭圆形　　　　　　　　　　图6-41　设置调和步数后的调和效果

30. 执行【排列】/【顺序】/【到图层后面】命令，将调和图形调整至所有图形的后面，然后将其移动到雪人图形的下方，作为雪人的阴影，效果如图 6-42 所示，

31. 将雪人图形全部选择后单击属性栏中的 🔳 按钮群组，然后用与前面绘制雪人图形相同的方法，绘制出另一个雪人图形，如图 6-43 所示。

图6-42　图形放置的位置　　　　　　　　　　图6-43　绘制出的雪人图形

32. 将绘制的第 2 个雪人图形全部选择并群组，然后将其调整至合适的大小后移动到如图 6-44 所示的位置。

图6-44　雪人图形调整后的位置

33. 按 Ctrl+S 键，将此文件命名为 "雪人.cdr" 保存。

6.2 图案和底纹填充

利用【图样填充对话框】工具 ■ 可以为选择的图形添加各种各样的图案效果，包括自定义的图案。利用【底纹填充对话框】工具 ▒ 和【PostScript 底纹填充对话框】工具 ▒ 可以将小块的位图作为纹理对图形进行填充，它能够逼真地再现天然材料的外观。

6.2.1 【图样填充对话框】工具

选择要进行填充的图形后，选择 ■ 工具，将弹出如图 6-45 所示的【图样填充】对话框。

- 【双色】：点选此单选项，可以为选择的图形填充重复的花纹图案。通过设置右侧的【前部】和【后部】颜色，可以为图案设置背景和前景颜色。
- 【全色】：点选此单选项，可以为选择的图形填充多种颜色的简单材质和重复的色彩花纹图案。
- 【位图】：点选此单选项，可以用位图作为一种填充颜色为选择的图形填充效果。
- 单击图案按钮，将弹出【图案样式】选项面板，在该面板中可以选择要使用的填充样式；滑动右侧的滑块，可以浏览全部的图案样式。
- 单击 装入(D) 按钮，可在弹出的【导入】对话框中将其他的图案导入到当前的【图案样式】选项面板中。
- 单击 删除(E) 按钮，可将当前选择的图案在【图案样式】选项面板中删除。
- 单击 创建(A)... 按钮，将弹出【双色图案编辑器】对话框，在此对话框中可自行编辑要填充的【双色】图案。此按钮只有点选【双色】单选项时才可用。
- 【原点】栏：决定填充图案中心相对于图形选框在工作区的水平和垂直距离。
- 【大小】栏：决定填充时的图案大小。图 6-46 所示为设置【宽度】和【高度】值分别为 "50.8" 和 "20.8" 时图形填充后的效果。

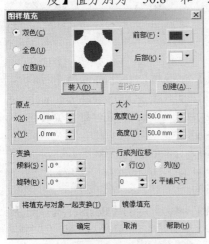

图6-45 【图样填充】对话框

图6-46 图形的填充效果

- 【变换】栏：决定填充时图案的倾斜和旋转角度。【倾斜】值的取值范围为 "-75～75"；【旋转】值的取值范围为 "-360～360"。

- 【行或列位移】栏: 决定填充图案在水平方向或垂直方向的位移量。
- 【将填充与对象一起变换】: 勾选此复选项,可以在旋转、倾斜或拉伸图形时,使填充图案与图形一起变换。如果不勾选该项,在变换图形时,填充图案不随图形的变换而变换,如图 6-47 所示。

原图　　　　　未勾选选项　　　　　勾选选项

图6-47　变换图形时的不同效果

- 【镜像填充】: 勾选此复选项,可以为填充图案设置镜像效果。

6.2.2 【底纹填充对话框】工具

选中要进行填充的图形后,选择 ▦ 工具,将弹出如图 6-48 所示的【底纹填充】对话框。

- 【底纹库】: 在此下拉列表中可以选择需要的底纹库。
- 【底纹列表】: 在此列表中可以选择需要的底纹样式。当选择了一种样式后,所选底纹的缩略图即显示在下方的预览窗口中。
- 【参数设置区】: 设置各选项的参数,可以改变所选底纹样式的外观。注意,不同的底纹样式,其参数设置区中的选项也各不相同。

> 要点提示　参数设置区中各选项的后面分别有一个 🔒 按钮,当该按钮处于激活状态时,表示此选项的参数未被锁定;当该按钮处于未激活状态时,表示此选项的参数处于锁定状态。但无论该参数是否被锁定,都可以对其进行设置,只是在单击　预览(V)　按钮时,被锁定的参数不起作用,只有未锁定的参数在随机变化。

- 预览(V) 按钮: 调整完底纹选项的参数后,单击此按钮,即可看到修改后的底纹效果。
- 选项(I)... 按钮: 单击此按钮,将弹出【底纹选项】对话框,在此对话框中可以设置纹理的分辨率。该数值越大,纹理越精细,但文件尺寸也相应越大。
- 平铺(T)... 按钮: 单击此按钮,将弹出【平铺】对话框,此对话框中可设置纹理的大小、倾斜和旋转角度等。

6.2.3 【PostScript 填充对话框】工具

选中要进行填充的图形后,选择 ▣ 工具,将弹出如图 6-49 所示的【PostScript 底纹】对话框。

- 【底纹样式列表】: 拖曳右侧的滑块,可以选择需要填充的底纹样式。
- 【预览窗口】: 勾选右侧的【预览填充】复选项,预览窗口中可以显示填充样式的效果。

- 【参数设置区】：设置各选项的参数，可以改变所选底纹的样式。注意，不同的底纹样式，其参数设置区中的选项也各不相同。

- ［刷新(R)］按钮：确认【预览填充】复选项被勾选，单击此按钮，可以查看参数调整后的填充效果。

图6-48 【底纹填充】对话框

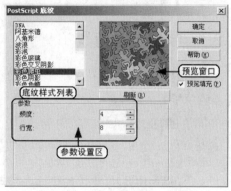

图6-49 【PostScript 底纹】对话框

6.3 交互式填充工具

利用【交互式填充】工具 和【交互式网状填充】工具 可以为图形填充特殊的颜色或图案。

一、 交互式填充

【交互式填充】工具 包含填充工具组中所有填充工具的功能，利用该工具可以为图形设置各种填充效果，其属性栏根据设置的填充样式的不同而不同。默认状态下的属性栏如图 6-50 所示。

图6-50 默认状态下【交互式填充】工具的属性栏

- 【填充类型】 无填充 ：在此下拉列表中包括前面学过的所有填充效果，如 "线性"、"射线"、"圆锥"、"方角"、"双色图样"、"全色图样"、"位图图样"、"底纹填充" 和 "Postscript 填充" 等。

要点提示 在【填充类型】下拉列表中，选择除【无填充】以外的其他选项时，属性栏中的其他参数才可用。

- 【编辑填充】按钮 ：单击此按钮，将弹出相应的填充对话框，通过设置对话框中的各选项可以进一步编辑交互式填充的效果。

- 【复制填充属性】按钮 ：单击此按钮，可以给一个图形复制另一个图形的填充属性。

二、【交互式网状填充】工具

选择【交互式网状填充】工具 ，通过设置不同的网格数量可以给图形填充不同颜色的混合效果。【交互式网状填充】工具的属性栏如图 6-51 所示。

图6-51　【交互式网状填充】工具的属性栏

- 【网格大小】 ：可分别设置水平和垂直网格的数目，从而决定图形中网格的多少。
- 【清除网状】按钮 ：单击此按钮，可以将图形中的网状填充颜色删除。

6.3.1　制作贺卡背景

下面灵活运用 工具来制作圣诞贺卡的背景。

【步骤解析】

1. 按 Ctrl+N 键新建一个图形文件，然后单击属性栏中的 按钮，将页面方向设置为横向。
2. 双击 工具，添加一个与页面相同大小的矩形，如图 6-52 所示，然后为其填充蓝色（C:100,M:100），并将其外轮廓线去除。
3. 选择 工具，将属性栏中 的参数分别设置为 "6" 和 "5"，然后按 Enter 键，此时在矩形中将出现如图 6-53 所示的虚线网格。

图6-52　绘制的矩形

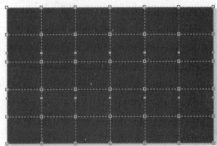

图6-53　显示的虚线网格

4. 在网格中选择如图 6-54 所示的节点，然后在【调色板】中的 "白" 色块上单击，为选择的节点填充颜色，效果如图 6-55 所示。

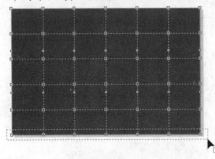

图6-54　选择的节点

图6-55　填充白色后的效果

5. 在网格中选择如图 6-56 所示的节点，然后在【调色板】中的 "青" 色块上单击，为选择的节点填充颜色，效果如图 6-57 所示。

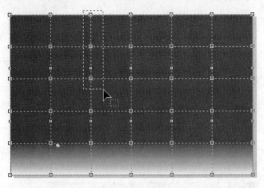

图6-56　选择的节点　　　　　　　　　　　　　　图6-57　填充青色后的效果

6. 将鼠标光标移动到节点上拖曳，通过调整节点的位置来改变图形的填充效果，调整后的填充效果如图 6-58 所示。

7. 用与步骤 5～6 相同的方法，依次选择节点填充颜色后调整其节点的位置，改变图形的填充效果，调整后的填充效果如图 6-59 所示。

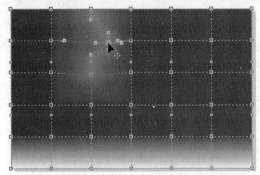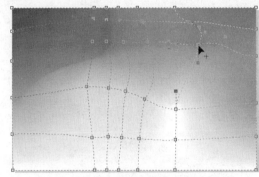

图6-58　调整节点位置后的填充效果　　　　　　　图6-59　调整后的填充效果

8. 再次双击 工具，创建一个与页面相同大小的矩形，然后为矩形填充白色，如图 6-60 所示。

9. 选择 工具，将鼠标光标移动到白色矩形的下方，按住鼠标左键向上拖曳，为其添加如图 6-61 所示的交互式透明效果。

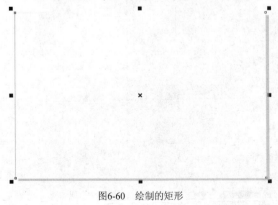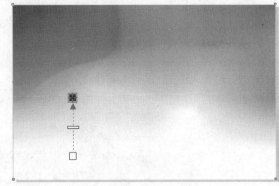

图6-60　绘制的矩形　　　　　　　　　　　　　图6-61　添加的交互式透明效果

10. 至此，贺卡背景制作完成，按 Ctrl+S 键，将此文件命名为"圣诞贺卡.cdr"保存。

6.3.2 设计圣诞贺卡

下面灵活运用各种绘图工具来绘制圣诞贺卡，首先利用 工具、 工具、 工具和 工具来绘制雪地效果。

【步骤解析】

1. 接上例。

2. 利用 工具和 工具绘制出如图 6-62 所示的白色不规则图形，然后利用 工具为其添加如图 6-63 所示的交互式透明效果。

图6-62 绘制出的图形   图6-63 添加的交互式透明效果

3. 继续利用 工具和 工具绘制出如图 6-64 所示的白色不规则图形。

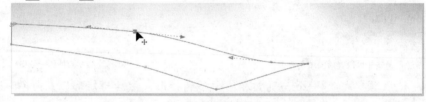

图6-64 绘制出的图形

4. 选择 工具，弹出【渐变填充】对话框，设置各选项及参数，如图 6-65 所示。

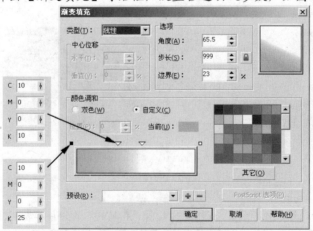

图6-65 【渐变填充】对话框

5. 单击 确定 按钮，填充渐变色后的图形效果如图 6-66 所示。

图6-66　填充渐变色后的图形效果

6. 按键盘数字区中的 ＋ 键，将填充渐变色后的图形在原位置复制，并为复制出的图形填充蓝灰色（C:10,K:15），然后利用 工具为其添加如图 6-67 所示的交互式透明效果。

图6-67　添加的交互式透明效果

7. 利用 工具和 工具依次绘制出如图 6-68 所示的不规则图形，然后利用 工具分别为其填充渐变色，效果如图 6-69 所示。

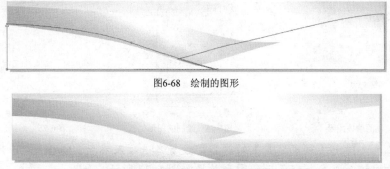

图6-68　绘制的图形

图6-69　填充颜色后的图形效果

8. 将"雪人.cdr"文件打开，然后将两个雪人图形同时选择并复制。

9. 将"圣诞贺卡.cdr"文件设置为工作状态，然后将复制的雪人图形粘贴至当前文件中，并调整至合适的大小后放置到如图 6-70 所示的位置。

图6-70　雪人图形放置的位置

下面来绘制小房子及树图形。

10. 利用▢工具绘制出如图 6-71 所示的黄灰色（M:10,Y:30,K:5）矩形，作为房子的墙体图形。

11. 按键盘数字区中的＋键，将矩形在原位置复制，并为复制出的图形填充粉褐色（M:20,Y:30,K:10），然后利用▢工具为其添加如图 6-72 所示的交互式透明效果。

图6-71　绘制的矩形　　　　　　　　　　　　　图6-72　添加的交互式透明效果

12. 利用▢工具和▢工具，绘制出小房子的另一面墙体图形，如图 6-73 所示。

13. 利用○工具和▢工具，依次绘制出如图 6-74 所示的圆形和矩形，然后将其同时选择。

14. 单击属性栏中的▢按钮，将选择的图形焊接为一个整体，焊接后的图形形态如图 6-75 所示。

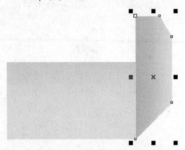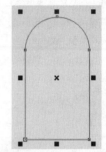

图6-73　绘制的墙体图形　　　　图6-74　绘制的图形　　　　图6-75　焊接后的图形形态

15. 选择▓工具，弹出【渐变填充】对话框，设置各选项及参数，如图 6-76 所示，然后单击 确定 按钮，填充渐变色后的图形效果如图 6-77 所示。

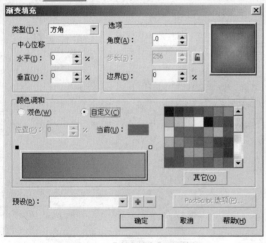

图6-76　【渐变填充】对话框　　　　　　　图6-77　填充渐变色后的图形效果

16. 用与步骤 13～15 相同的方法，依次绘制出如图 6-78 所示的窗户和门图形。

17. 利用▢工具和▢工具，依次绘制出如图 6-79 所示的深褐色（M:90,Y:100,K:30）房顶图形。

图6-78 绘制的窗户和门图形　　　　　　　　图6-79 绘制的房顶图形

18. 继续利用 工具和 工具，绘制出如图 6-80 所示的白色房顶图形。

19. 按键盘数字区中的 键，将白色房顶图形在原位置复制，并为复制出的图形填充浅蓝绿色（C:20,K:20），效果如图 6-81 所示。

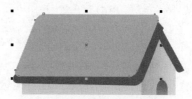

图6-80 绘制的房顶图形　　　　　　　　图6-81 复制出的图形

20. 选择 工具，在房顶图形的上方位置，按住鼠标左键并向下拖曳，为其添加如图 6-82 所示的交互式透明效果。

21. 再次将白色的房顶图形选择后复制，并为复制出的图形填充浅蓝绿色（C:20,K:20），然后利用 工具为其添加如图 6-83 所示的交互式透明效果。

 当许多图形重叠在一起时，按住 Alt 键单击图形，可以选择最上层图形下面的图形。

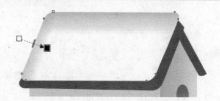

图6-82 添加的交互式透明效果　　　　　　图6-83 添加的交互式透明效果

22. 用与步骤 21 相同的方法，依次复制图形后添加交互式透明效果，制作出房顶的虚化效果，如图 6-84 所示。

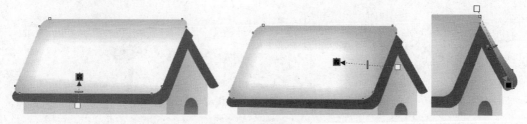

图6-84 制作出的虚化效果

23. 用与绘制小房子相同的方法，绘制出其他的小房子图形，如图 6-85 所示。

图6-85　绘制的房子图形

24. 利用 工具和 工具依次绘制出如图 6-86 所示的浅蓝绿色（C:20,K:20）和白色图形，作为"树头"图形。

25. 选择 工具，将鼠标光标移动到白色图形上，按住鼠标左键向浅蓝绿色图形上拖曳，为其添加如图 6-87 所示的交互式调和效果。

26. 将浅蓝绿色图形选择，然后按键盘数字区中的 键，将其在原位置复制，并为复制出的图形填充深蓝色（C:40,M:40,K:60），效果如图 6-88 所示。

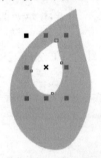
图6-86　绘制的图形

图6-87　添加的交互式调和效果

图6-88　复制出的图形

27. 利用 工具为深蓝色图形由下至上添加交互式透明效果，如图 6-89 所示。

28. 利用 工具、 工具和 工具，依次绘制并调整出如图 6-90 所示的树干和树的阴影图形，完成树图形的绘制。

图6-89　添加的交互式透明效果

图6-90　绘制完成的树图形

29. 将树图形移动复制几棵，再将其和小房子图形同时选择后群组，然后将其调整至合适的大小后放置到如图 6-91 所示的位置。

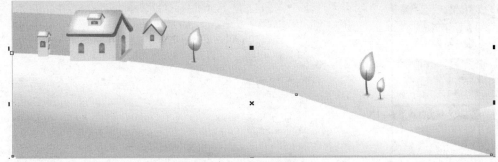

图6-91 图形放置的位置

30. 将画面中左下角的图形选择，然后执行【排列】/【顺序】/【到页面前面】命令，将其调整到小房子图形的前面，效果如图 6-92 所示。

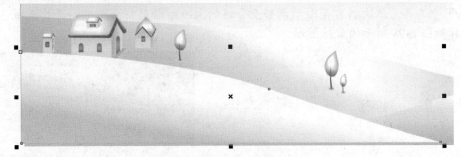

图6-92 调整图形顺序后的画面效果

最后来导入并绘制装饰图形。

31. 按 Ctrl+I 键，将附盘中"图库\第 06 章"目录下名为"楼房.cdr"的图形文件导入，然后将其调整至合适的大小后放置到如图 6-93 所示的位置，注意堆叠顺序的调整。

图6-93 图形放置的位置

32. 选择 工具，并激活属性栏中的 按钮，然后在属性栏中的 新喷涂列表 ▼ 下拉列表中选择如图 6-94 所示的"雪花"。

33. 将鼠标光标移动到绘图窗口中，按住鼠标左键拖曳喷绘出如图 6-95 所示的雪花图形。

34. 按 Ctrl+K 键，将雪花图形拆分，此时的形态如图 6-96 所示，然后按 Ctrl+U 键，将雪花图形的群组取消。

图6-94　选择的"雪花"图形

图6-95　绘制出的雪花

图6-96　拆分后的雪花形态

35. 将绘制的雪花图形拆分并取消群组后，利用 ![]工具就可以选择单个的雪花图形，进行位置、大小及颜色等属性的调整，图 6-97 所示为调整图形位置后的雪花图形。

36. 利用 ![]工具，依次将雪花图形调整至合适的大小后移动到画面中，并填充白色，然后选择如图 6-98 所示的雪花图形。

图6-97　调整图形位置后的雪花图形

图6-98　选择的雪花图形

37. 利用 ![]工具，在雪花图形的左侧位置绘制一个矩形，然后将其与雪花图形同时选择，如图 6-99 所示。

38. 单击属性栏中的 ![]按钮，将选择的图形进行修剪，然后选择 ![]工具，并将属性栏中的 [标准▼] 设置为"标准"，[⊢▬⫯ 90] 的参数设置为"90"，为其添加交互式标准透明效果。

39. 用与步骤 37～38 相同的方法，依次对雪花图形进行调整，调整后的图形形态如图 6-100 所示。

图6-99　选择的图形

图6-100　调整后的图形形态

40. 利用 ![]工具和 ![]工具，绘制并调整出如图 6-101 所示的白色心形图形，然后利用 ![]工具为其添加如图 6-102 所示的交互式射线透明效果。

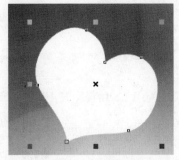

图6-101　绘制的图形

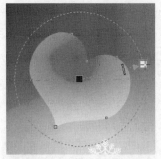

图6-102　添加的交互式透明效果

41. 利用 工具和 工具及修剪图形的方法，在画面中绘制并调整出如图 6-103 所示的白色半圆形。然后利用 工具为其添加如图 6-104 所示的交互式透明效果。

图6-103　绘制出的图形

图6-104　添加的交互式透明效果

42. 将半圆形移动复制，并将复制出的图形放置到如图 6-105 所示的位置，然后用与步骤 41 相同的方法，在画面的右上角位置绘制并调整出如图 6-106 所示的图形。

图6-105　图形放置的位置

图6-106　绘制并调整出的图形

43. 选择 工具，按住 Ctrl 键绘制出如图 6-107 所示的白色圆形，然后为其添加标准的交互式透明效果。

44. 将圆形以中心等比例缩小复制，然后执行【效果】/【清除效果】命令，将复制出图形的交互式透明效果取消，复制出的图形如图 6-108 所示。

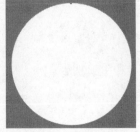

图6-107　绘制的图形

图6-108　复制出的图形

45. 利用 工具为两个圆形添加交互式调和效果，然后将属性栏中 ⛄5 ▼▲ 选项的参数设置为 "5"，设置调和步数后的效果如图 6-109 所示。

46. 按 Ctrl+K 键，将调和图形拆分，然后执行【排列】/【取消全部群组】命令，将调和图形的群组取消。

47. 将上面第 2 个圆形选择，然后将其填充色修改为蓝灰色（C:20,Y:10,K:10），如图 6-110 所示。

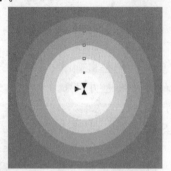
图6-109　设置调和步数后的效果

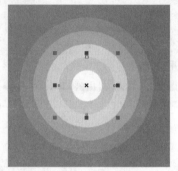
图6-110　修改颜色后的图形效果

48. 将圆形全部选择后按 Ctrl+G 键群组，然后用移动复制和缩放图形的方法，对圆形进行复制并调整，最终效果如图 6-111 所示。

图6-111　复制并调整出的星光图形

49. 按 Ctrl+S 键，将此文件命名为 "圣诞贺卡.cdr" 保存。

6.4 拓展案例

通过本章的学习，读者自己动手设计出下面的新年贺卡和生日贺卡。

6.4.1 设计新年贺卡

灵活运用本章案例的绘制方法，设计出如图 6-112 所示的新年贺卡。

图6-112　设计的新年贺卡

【步骤解析】

1. 新建页面大小为 ⬚ 210.0 mm ⬚ 280.0 mm 的图形文件，然后创建与页面相同大小的矩形，并为其填充渐变色，参数的设置如图 6-113 所示。

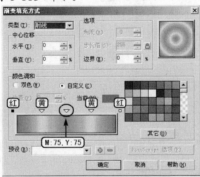

图6-113　渐变颜色参数

2. 利用 ▦工具对矩形的填充色进行编辑：选择 ▦工具，并将属性栏中 ⊞ 的参数均设置为 "4"，此时在选择的矩形上将出现如图 6-114 所示的调节控制点。

3. 选择如图 6-115 所示的控制点，然后将其颜色修改为 "黄色"，再分别调整个别控制点的位置，效果如图 6-116 所示。

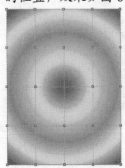

图6-114　显示的控制点

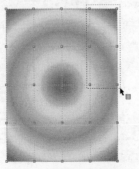

图6-115　框选控制点时的状态

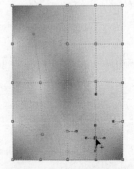

图6-116　调整控制点时的状态

157

依次绘制鞭炮和灯笼图形，其中鞭炮爆炸效果的绘制过程如下。

4. 利用 🔲 工具绘制五边形图形，然后选择 🔲 工具，并将鼠标光标移动到五边形的中心位置按下鼠标左键并向左拖曳，对图形进行交互式变形，状态如图 6-117 所示。

5. 为变形后的图形填充红色（M:100,Y:100），并去除外轮廓，效果如图 6-118 所示。

6. 将图形缩小复制，并将复制的图形的填充色修改为黄色（Y:100），如图 6-119 所示。

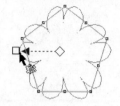
图6-117　交互式变形时的状态

图6-118　变形后的图形

图6-119　复制出的图形

7. 利用 🔲 工具将两个变形图形调和，效果如图 6-120 所示。

8. 绘制图形并填充由黄色到白色的线性渐变，然后旋转复制，效果如图 6-121 所示。

9. 分别调整个别图形的大小及位置，最终效果如图 6-122 所示。

图6-120　调和后的效果

图6-121　旋转复制出的图形

图6-122　调整后的效果

10. 将附盘中"图库\第 06 章"目录下名为"卡通人物.cdr"的图形导入，调整大小后放置到合适的位置，即可完成新年贺卡的绘制。

6.4.2　设计"心情故事"壁纸

利用【矩形】工具、【贝塞尔】工具、【形状】工具、【交互式网状填充】工具、【交互式调和】工具、【轮廓笔】工具和【文本】工具，设计如图 6-123 所示的生日贺卡。

图6-123　绘制的生日贺卡

【步骤解析】

1. 贺卡背景的绘制过程示意图如图 6-124 所示。

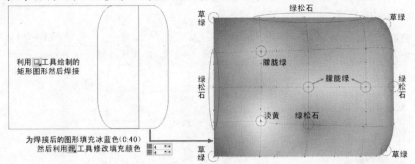

图6-124 背景的绘制过程示意图

2. 将背景图形等比例缩小复制，然后单击 按钮，再单击属性栏中的 按钮清除图形的网状填充，然后利用 工具设置复制出图形的轮廓属性，如图 6-125 所示，设置后的效果如图 6-126 所示。

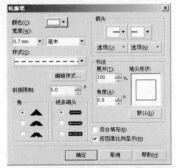

图6-125 【轮廓笔】对话框中的参数设置

图6-126 设置轮廓属性后的图形效果

3. 小熊图形的绘制过程示意图如图 6-127 所示。

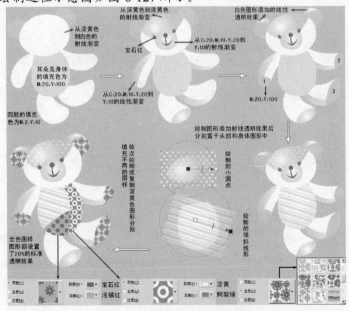

图6-127 小熊图形的绘制过程示意图

4. 根据小熊的边界绘制外轮廓，然后为图形填充浅黄色（M:10,Y:20），并依次添加交互式阴影和交互式轮廓图效果，完成小熊的绘制。其轮廓形态、设置的交互参数及生成的效果如图 6-128 所示。

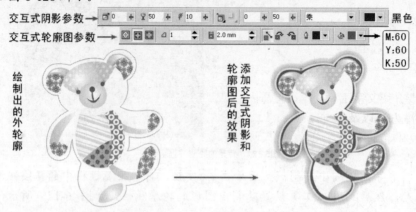

图6-128　绘制图形添加阴影和轮廓后的效果

6.5　小结

本章主要讲述了 CorelDRAW X4 中的填充工具，灵活运用填充工具可以为图形填充单色、渐变色和各种图案效果。课下读者可多设计一些贺卡，以巩固所学的内容，以便在实际工作过程中灵活运用。

第7章 文字工具——设计报纸广告

本章主要介绍文字工具的使用方法。包括文字的输入、文字属性的设置、美术文本和段落文本的编排方法以及特殊艺术文字的制作方法等。在 CorelDRAW 中，文本主要分为美术文本、段落文本和沿路径输入文本等几种类型，下面来具体讲解。

【学习目标】

- 掌握美术文本的输入方法与编辑。
- 掌握段落文本的输入方法与编辑。
- 掌握沿路径排列文本的输入方法与编辑。
- 掌握文本绕图的设置。
- 掌握添加项目符号的方法。
- 熟悉制表位、栏、首字下沉等选项的设置。

7.1 美术文本

美术文本适合于文字应用较少或需要制作特殊文字效果的文件。在输入时，行的长度会随着文字的编辑而增加或缩短，不能自动换行。美术文本的特点是：每行文字都是独立的，方便各行的修改和编辑。

7.1.1 输入美术文本

输入美术文本的具体操作为：选择 字 工具（快捷键为 F8 键），在绘图窗口中的任意位置单击，插入文本输入光标，然后在 Windows 界面右下角的 CH 按钮上单击，在弹出的输入法菜单中选择一种输入法，即可输入需要的文字。当需要另起一行输入文字时，必须按 Enter 键新起一行。

> 按 Ctrl+Shift 键，可以在 Windows 系统安装的输入法之间进行切换；按 Ctrl+空格键，可以在当前使用的输入法与英文输入法之间进行切换；当处于英文输入状态时，按 Caps Lock 键或按住 Shift 键输入，可以切换字母的大小写。

【文本】工具 字 的属性栏如图 7-1 所示。

图7-1 【文本】工具的属性栏

- 【字体列表】 ⟨O Arial⟩：在此下拉列表中选择需要的文字字体。

- 【字体大小列表】 24 pt ▾ ：在此下拉列表中选择需要的文字字号。当列表中没有需要的文字大小时，在文本框中直接输入需要的文字大小即可。
- 【粗体】按钮 B ：激活此按钮，可以将选择的文本加粗显示。
- 【斜体】按钮 I ：激活此按钮，可以将选择的文本倾斜显示。

> 要点提示 【粗体】按钮 B 和【斜体】按钮 I 只适用于部分英文字体，即只有选择支持加粗和倾斜字体的文本时，这两个按钮才可用。

- 【下划线】按钮 U ：激活此按钮，可以在选择的横排文字下方或竖排文字左侧添加下划线，线的颜色与文字的相同。
- 【水平对齐】按钮 ：单击此按钮，可在弹出的【对齐】选项面板中设置文字的对齐方式，包括左对齐、居中对齐、右对齐、两端对齐和强制对齐。
- 【字符格式化】按钮 A ：单击此按钮（快捷键为 Ctrl + T 键），将弹出如图 7-2 所示的【字符格式化】泊坞窗，在此对话框中可以对文本的字体、字号、对齐方式、字符效果和字符偏移等选项进行设置。

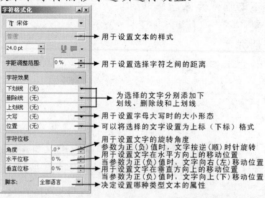

图7-2　【字符格式化】泊坞窗

- 【编辑文本】按钮 abI ：单击此按钮（快捷键为 Ctrl + Shift + T 键），将弹出如图 7-3 所示的【编辑文本】对话框，在此对话框中对文本进行编辑，包括字体、字号、对齐方式、文本格式、查找替换和拼写检查等。

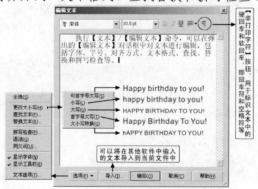

图7-3　【编辑文本】对话框

- 【水平排列文本】按钮 和【垂直排列文本】按钮 ：用于改变文本的排列方向。单击 按钮，可将垂直排列的文本变为水平排列；单击 按钮，可将水平排列的文本变为垂直排列。

7.1.2 选择文本

在设置文字的属性之前，必须先选择需要设置属性的文字。选择 字 工具，将鼠标光标移动到要选择文字的前面单击，定位插入点，然后在插入点位置按住鼠标左键拖曳，拖曳至要选择文字的右侧时释放鼠标左键，即可选择一个或多个文字。

除以上选择文字的方法外，还有以下几种方法。

- 按住 Shift 键的同时，按键盘上的 → （右箭头）键或 ← （左箭头）键。
- 在文本中要选择字符的起点位置单击，然后按住 Shift 键并移动鼠标光标至选择字符的终点位置单击，可选择某个范围内的字符。
- 利用 工具，单击输入的文本可将该文本中的所有文字选择。

7.1.3 利用【形状】工具调整文本

利用 工具调整文本，可以让用户在修改文字属性的同时看到文字的变化，比利用【字符格式化】泊坞窗调整更方便、更直接。

一、调整文本间距

1. 选择要进行调整的文字，然后选择 工具，此时文字的下方将出现调整字距和调整行距的箭头，如图 7-4 所示。

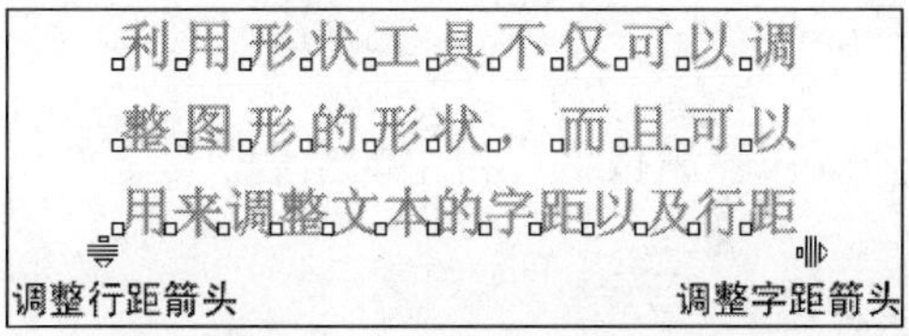

利用形状工具不仅可以调整图形的形状。而且可以用来调整文本的字距以及行距

调整行距箭头　　　　　　　　　调整字距箭头

图7-4　出现的调整箭头

2. 将鼠标光标移动到调整字距箭头 上，按住鼠标左键拖曳，即可调整文本的字距。向左拖动调整字距箭头可以缩小字距；向右拖动调整字距箭头可以增加字距。增加字距后的效果如图 7-5 所示。

3. 将鼠标光标移动到调整行距箭头 上，按住鼠标左键拖曳，即可调整文本的行与行之间的距离。向上拖曳鼠标光标调整行距箭头可以缩小行距；向下拖曳鼠标光标调整行距箭头可以增加行距。增加行距后的效果如图 7-6 所示。

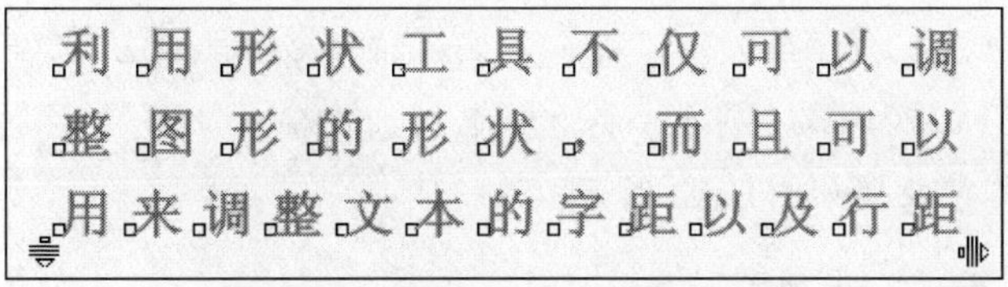

利用形状工具不仅可以调整图形的形状。而且可以用来调整文本的字距以及行距

图7-5　增加字距后的文本效果

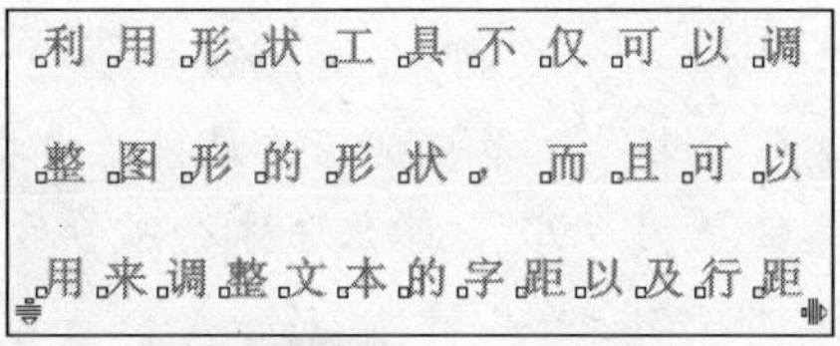

利用形状工具不仅可以调整图形的形状。而且可以用来调整文本的字距以及行距

图7-6　增加行距后的文本效果

二、调整单个文字

利用 工具可以很容易地选择整个文本中的某一个文字或多个文字。当文字被选择后，就可以对其进行一些属性设置。

1. 选择输入的文本，然后选择 工具，此时文本中每个字符的左下角会出现一个白色的小方形，如图 7-7 所示。

2. 单击相应的白色小方形，即可选择相应的文字。如按住 Shift 键单击相应的白色小方形，可以增加选择的文字。另外，利用框选的方法也可以选择多个文字。选择文字后，下方的白色小方形将变为黑色小方形，如图 7-8 所示。

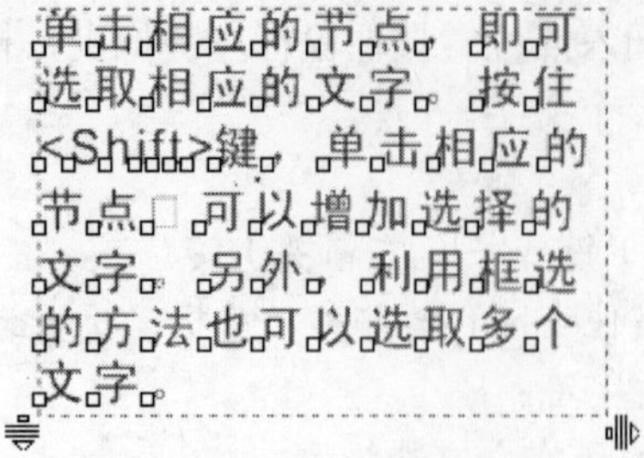

图7-7　出现的白色小方形 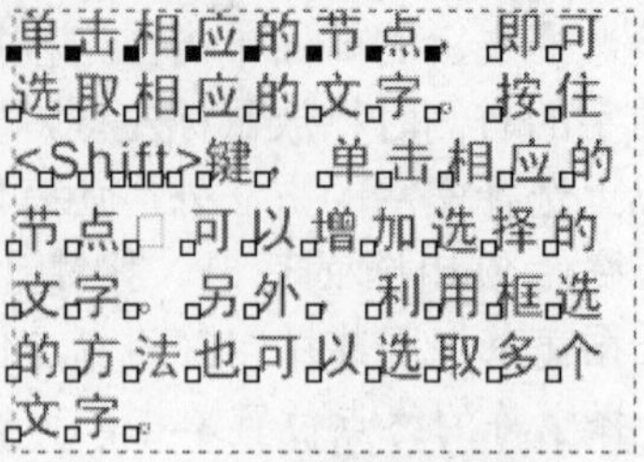　　　　　　　　　　　　　　　　图7-8　选择文字后的形态

利用 🔧 工具选择单个文字后，其属性栏如图 7-9 所示。

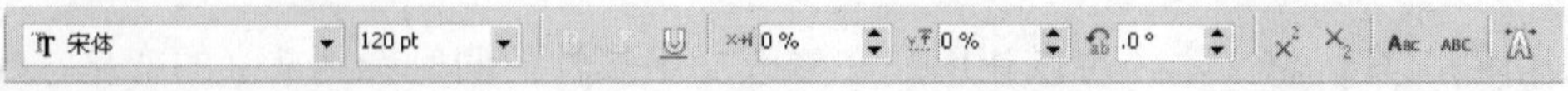

图7-9　选择文字后【形状】工具的属性栏

在该属性栏中的各选项分别与【文本】的属性栏及【字符格式化】泊坞窗中相对应的选项和按钮的功能相同，在此不再赘述。

7.1.4　制作主题文字

下面灵活运用 字 工具来制作啤酒报纸广告中的主题文字。

【步骤解析】

1. 新建一个横向的图形文件。
2. 选择 字 工具，在绘图窗口中依次输入如图 7-10 所示的黑色文字。
3. 将鼠标光标移动至"新"字的左侧位置单击，插入文本输入光标，然后依次按空格键，将第二行文字调整至如图 7-11 所示的位置。

图7-10　输入的文字 　　　　　　　　　　　　　　　　图7-11　调整后的文字位置

4. 选择 🔧 工具，然后在属性栏中将 🔳 文鼎特粗圆简 🔻 设置为"文鼎特粗圆简"， 90 pt 🔻 设置为"90"，修改字体和字号后的文字效果如图 7-12 所示。

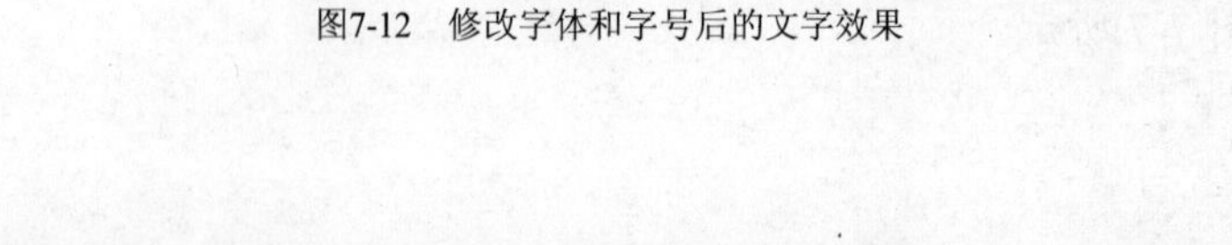

图7-12　修改字体和字号后的文字效果

如果读者的计算机中没有安装"文鼎特粗圆简"字体，可以采用其他字体代替，以下类同。如果读者是从事平面设计工作的，会经常用到 Windows 系统以外的其他字体，建议读者下载一些特殊字体并安装到计算机中备用。另外，文字的大小读者也可根据自己设置的版面大小来自行设置。

5. 选择工具，此时在选择文字的下方将出现调整字距和行距的箭头，将鼠标光标移动到调整字距箭头 ᴜ 上，按住鼠标左键并向左拖曳，减小文字的字距，状态如图 7-13 所示。

6. 至合适位置后释放鼠标左键，然后将鼠标光标移动到调整行距箭头 ᾖ 上，按住鼠标左键并向下拖曳，增加文字的行距，状态如图 7-14 所示，

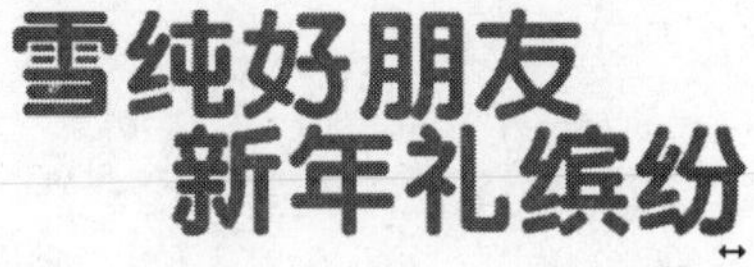

图7-13　调整字距时的状态 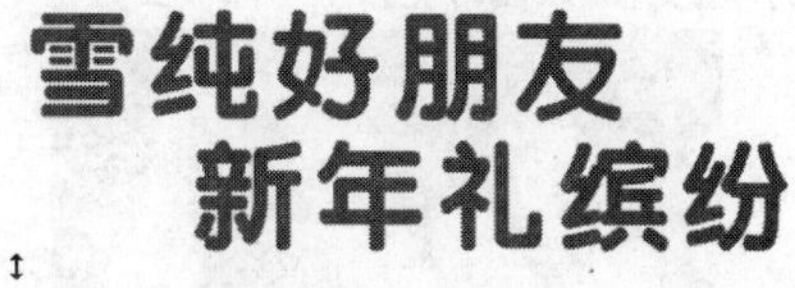　　　　　　　　　　图7-14　调整行距时的状态

7. 至合适位置后释放鼠标左键，文字调整字距及行距后的效果如图 7-15 所示。

8. 执行【排列】/【打散 美术字】命令，将输入文字拆分为独立的行，然后将下行文字选择，再次执行此命令，将选择的文字拆分为独立的字，如图 7-16 所示。

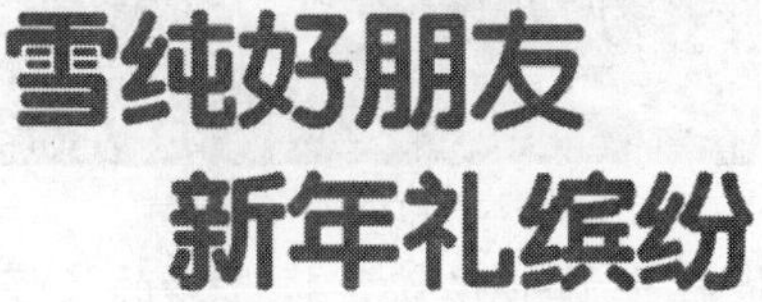

图7-15　调整字距及行距后的文字效果 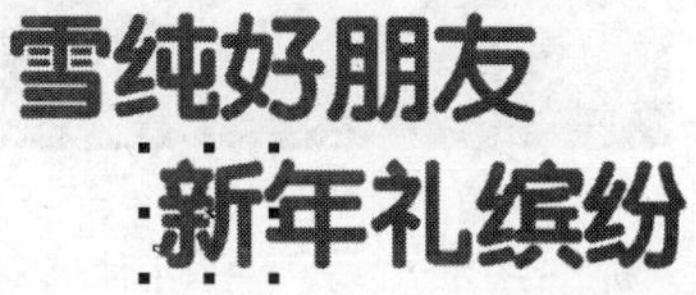　　　　图7-16　拆分为单个字后的效果

9. 按住 Ctrl 键单击"纷"字，将其与"新"字同时选择，然后将选择文字的填充色修改为黄色（Y:100）。

10. 执行【排列】/【转换为曲线】命令，将选择文字转换为曲线图形，形态如图 7-17 所示。

在广告设计中，经常需要编排一些经过特殊变形的艺术文字。虽然 Windows 系统中提供了很多种字体，但都是一些非常正规的字体，有时候不能满足设计的需要。此时可以将文本先转换为曲线，然后就可以任意地调整文字的形状了。

为了能看清下面的操作，先为文字添加一个黑色的背景，以衬托出黄色的文字。

11. 双击工具，添加一个与当前绘图窗口相同大小的矩形，并为其填充黑色。然后将其余文字的填充色修改为白色，效果如图 7-18 所示。

图7-17　转换为曲线后的形态 　　　　　　　　图7-18　添加黑色背景并修改文字颜色后的效果

12. 选择工具，在"新"字上单击，将其选择，再框选如图 7-19 所示的节点，然后将选择的节点向右下方拖曳至如图 7-20 所示的位置。

图7-19　框选的节点

图7-20　调整后的节点位置

13. 利用工具将"纷"字选择，再框选如图 7-21 所示的节点，然后将选择的节点向左下方拖曳至如图 7-22 所示的位置。

图7-21　框选的节点

图7-22　调整后的节点位置

14. 将"新"字和"纷"字同时选择，然后单击属性栏中的按钮，将选择的文字焊接为一个整体，焊接后的形态如图 7-23 所示。

图7-23　焊接后的文字形态

15. 利用工具将调整的笔画放大显示，再利用工具选择如图 7-24 所示的节点，然后单击属性栏中的按钮，将选择的节点分离为两个节点。

16. 用与步骤 15 相同的方法，利用工具选择如图 7-25 所示的节点，然后将其分离。

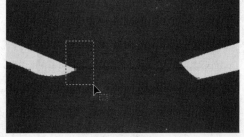

图7-24　选择的节点

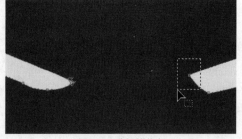

图7-25　选择的节点

17. 利用工具将"新"字笔画中拆分后的节点拖曳至如图 7-26 所示的位置，然后将"纷"字笔画中拆分后的节点向左拖曳，至如图 7-27 所示的位置时释放鼠标左键。

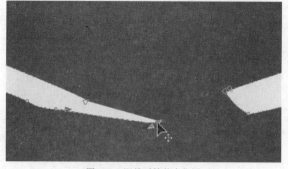

图7-26　调整后的节点位置

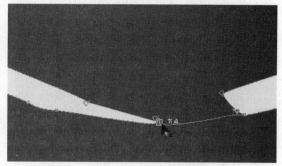

图7-27　拖曳节点时的状态

18. 两个节点重叠后即合并为一个节点，合并后的笔画形态如图 7-28 所示。

19. 将"纷"字笔画中的另一节点向左拖曳，与"新"字笔画中的另一节点重叠后合并，状态如图 7-29 所示。

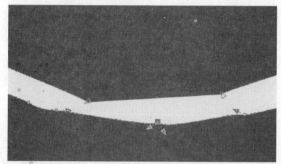

图7-28　合并节点后的笔画形态

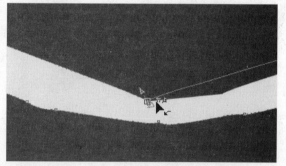

图7-29　合并节点时的状态

20. 利用工具将合并后的笔画调整至如图 7-30 所示的形态。

图7-30　调整后的笔画形态

21. 按 Ctrl+I 键，将附盘中"图库\第 07 章"目录下名为"牛.psd"的文件导入，然后将其调整至合适的大小后放置到如图 7-31 所示的位置。

22. 利用工具和工具，沿输入的文字及导入的图片边缘绘制出如图 7-32 所示的不规则图形。

图7-31　图形放置的位置

图7-32　绘制的图形

23. 选择 ![]工具，弹出【渐变填充】对话框，设置各选项及参数，如图 7-33 所示，然后单击 确定 按钮。

24. 选择 ![]工具，弹出【轮廓笔】对话框，设置各选项及参数，如图 7-34 所示，然后单击 确定 按钮。

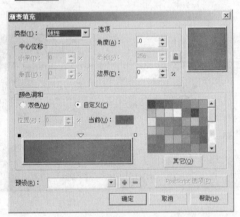

图7-33　【渐变填充】对话框

图7-34　【轮廓笔】对话框

25. 依次按 Ctrl+PageDown 键，将不规则图形调整至文字和牛图形的下面，如图 7-35 所示。

26. 按键盘数字区中的 + 键，将不规则图形在原位置复制，然后将复制图形的外轮廓颜色设置为深红色（C:50,M:100,Y:100,K:20）， ![3.0 mm] 的参数设置为 "3.0mm"，效果如图 7-36 所示。

图7-35　调整图形顺序后的画面效果

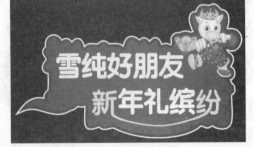

图7-36　复制出的图形

27. 利用 ![]工具和以中心等比例缩小复制图形的方法，在不规则图形的左上角位置依次绘制并复制出如图 7-37 所示的圆形。

28. 将两个圆形同时选择，然后单击属性栏中的 按钮，将选择的图形结合。

29. 选择 工具，弹出【渐变填充】对话框，设置各选项参数，如图 7-38 所示。

图7-37　绘制的图形

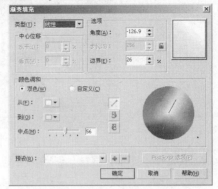

图7-38　【渐变填充】对话框

30. 单击 确定 按钮，然后将图形的外轮廓去除，填充渐变色后的图形效果如图 7-39 所示。

31. 用与步骤 27～30 相同的方法，利用 工具和 工具在圆形中绘制出如图 7-40 所示的不规则图形。

图7-39　填充渐变色后的图形效果

图7-40　绘制并调整出的图形

32. 将圆环图形和不规则图形同时选择后单击属性栏中的 按钮，将其群组，再将其移动复制，并分别为复制出的图形填充黄色（Y:100）和白色，然后将复制出的图形调整至合适的大小后放置到如图 7-41 所示的位置。

33. 利用 工具和 工具，依次绘制并调整出如图 7-42 所示的不规则图形，其填充色与步骤 29 中设置的相同。

图7-41　图形放置的位置

图7-42　绘制的图形

至此，主题文字制作完成，整体效果如图 7-43 所示。

图7-43 设计完成的主题文字

34. 按 Ctrl+S 键，将此文件命名为"主题文字.cdr"保存。

7.2 段落文本

当作品中需要编排很多文字时，利用段落文本可以方便、快捷地输入和编排。另外，段落文本在多页面文件中可以从一个页面流动到另一个页面，编辑起来非常灵活方便。使用段落文字的好处是文字能够自动换行，并能够迅速为文字增加制表位和项目符号等。

7.2.1 输入段落文本

输入段落文本的具体操作为：选择 字 工具，然后将鼠标光标移动到需要输入文字的位置，按住鼠标左键拖曳，绘制一个段落文本框，再选择一种合适的输入法，即可在绘制的段落文本框中输入文字。在输入文字的过程中，当输入的文字至文本框的边界时会自行换行，无须手动调整。

> **要点提示** 段落文字与美术文字最大的不同点就是段落文字是在文本框中输入。即在输入文字之前，首先根据要输入文字的多少，制定一个文本框，然后再进行文字的输入。

执行【文本】/【段落格式化】命令，将弹出如图 7-44 所示的【段落格式化】泊坞窗。

* 【水平】：用于设置所选文本在段落文本框中水平方向上的对齐方式。
* 【垂直】：用于设置所选文本在段落文本框中垂直方向上的对齐方式。
* 【%字符高度】：用于设置段落与段落或行与行间距的单位。
* 【段落前】：用于设置当前段落与前一段文本之间的距离。
* 【段落后】：用于设置当前段落与后一段文本之间的距离。
* 【行距】：用于设置文本中行与行之间的距离。
* 【语言】：用于设置数字或英文字母与中文文字之间的距离。

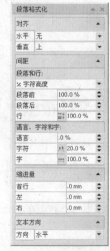

图7-44 【段落格式化】泊坞窗

- 【字符】：用于设置所选文本中各字符之间的距离。
- 【单词】：用于设置英文单词间的间距。
- 【首行】：用于指定所选段落首行的缩进量。
- 【左】：用于指定所选段落除首行外其他各行的缩进量。
- 【右】：用于指定所选段落到段落文本框右侧的缩进量。
- 【方向】：设置段落文本的排列方向，包括水平和垂直。

7.2.2 段落文本的文本框设置

下面主要介绍如何显示隐藏在文本框中的文字以及对文本框的设置。

一、 显示文本框中隐藏的文字

当在文本框中输入了太多的文字，超过了文本框的边界时，文本框下方位置的□符号将显示为回符号。将文本框中隐藏的文字完全显示的方法主要有以下几种。

- 将鼠标光标放置到文本框的任意一个控制点上，按住鼠标左键并向外拖曳，调整文本框的大小，即可将隐藏的文字全部显示。
- 单击文本框下方的回符号，此时鼠标光标将显示为圓形状，将鼠标光标移动到合适的位置后，单击或拖曳鼠标光标绘制一个文本框，此时绘制的文本框中将显示超出了第一个文本框大小的那些文字，并在两个文本框之间显示蓝色的连接线。
- 重新设置文本的字号或执行【文本】/【段落文本框】/【文本适合框架】命令，也可将文本框中隐藏的文字全部显示。

> **要点提示** 利用【文本适合框架】命令显示隐藏的文字时，文本框的大小并没有改变，而是文字的大小发生了变化。

二、 文本框的设置

文本框分为固定文本框和可变文本框两种，系统默认的为固定文本框。

当使用固定文本框时，绘制的文本框大小决定了在文本框中能输入文字的多少，这种文本框一般应用于有区域限制的图像文件中。当使用可变文本框时，文本框的大小会随输入文字的多少而随时改变，这种文本框一般应用于没有区域限制的文件中。

执行【工具】/【选项】命令（快捷键为 Ctrl+J 键），在弹出的【选项】对话框左侧依次选择【工作区】/【文本】/【段落】命令，然后在右侧的参数设置区中勾选【按文本缩放段落文本框】复选项，单击 确定(0) 按钮，即可将固定文本框设置为可变文本框。

7.2.3 设计报纸广告

本例灵活运用各种绘图工具并结合【排列】/【造形】/【造形】命令来设计啤酒报纸广告的背景，然后灵活运用 字 工具为报纸广告添加相关的文字说明。

【步骤解析】

1. 新建一个横向的图形文件。
2. 双击 □ 工具，添加一个与当前绘图窗口相同大小的矩形，并为其填充红色（M:100,Y:100），然后去除外轮廓，效果如图 7-45 所示。

3. 按键盘数字区中的 ➕ 键，将矩形在原位置复制，并将复制出图形的填充色修改为蓝色（C:100,M:100），效果如图 7-46 所示。

图7-45　绘制的图形

图7-46　复制出的图形

4. 选择 ▣ 工具，将鼠标光标移动到蓝色矩形的右下方，然后按住鼠标左键并向左上方拖曳，为其添加如图 7-47 所示的交互式透明效果。

5. 选择 ◯ 工具，按住 Ctrl 键绘制出如图 7-48 所示的圆形。

图7-47　添加的交互式透明效果

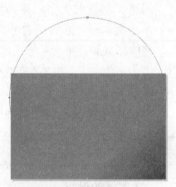

图7-48　绘制的圆形

6. 用以中心等比例缩小复制图形的方法，依次缩小复制出如图 7-49 所示的圆形，然后利用 ▣ 工具绘制出如图 7-50 所示的矩形。

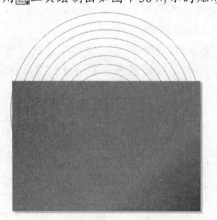

图7-49　缩小复制出的图形

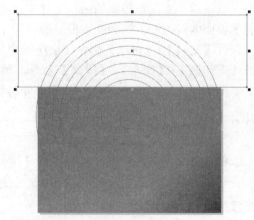

图7-50　绘制的矩形

7. 执行【排列】/【造形】/【造形】命令，在弹出的【造形】泊坞窗中设置如图 7-51 所示的选项。

8. 单击 修剪 按钮，然后将鼠标光标移动到如图 7-52 所示的位置单击，用矩形修剪所单击的圆形，修剪后的图形效果如图 7-53 所示。

图7-51　【造形】泊坞窗

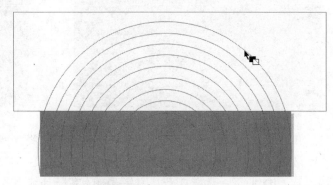

图7-52　鼠标光标单击的位置

9. 将矩形选择，然后用与步骤 8 相同的方法，依次对圆形进行修剪，修剪后的图形效果如图 7-54 所示。

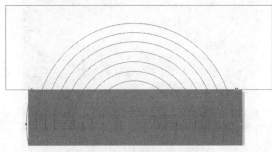

图7-53　修剪后的图形效果

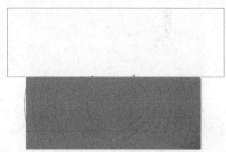

图7-54　修剪后的图形效果

10. 将矩形移动到下方红色矩形的左侧，然后用与步骤 8 相同的方法，将红色矩形左侧外的圆形修剪，再将作为辅助图形的矩形选择后删除，修剪后的图形效果如图 7-55 所示。

11. 依次为修剪后的圆形填充颜色，并去除外轮廓，填充颜色后的图形效果如图 7-56 所示。

图7-55　修剪后的图形效果

图7-56　填充颜色后的图形效果

12. 将如图 7-57 所示的红色图形选择，然后利用 工具为其由下至上添加如图 7-58 所示的交互式透明效果。

图7-57　选择的图形

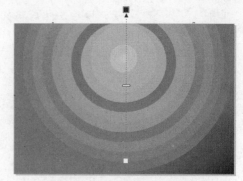

图7-58　添加的交互式透明效果

13. 用与步骤 12 相同的方法，将另一红色图形选择，然后为其添加如图 7-59 所示的交互式透明效果。

14. 按 Ctrl+I 键，将附盘中 "图库\第 07 章" 目录下名为 "花纹.cdr" 的图形文件导入，然后将其调整至合适的大小后放置到如图 7-60 所示的位置。

图7-59　添加的交互式透明效果

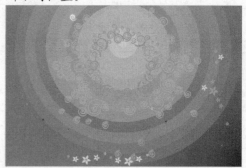

图7-60　图形放置的位置

15. 利用 工具和 工具，并结合属性栏中的 按钮，在画面的右上角位置依次绘制并调整出如图 7-61 所示的黄色（Y:100）叶子及叶茎图形。

16. 将前面绘制的 "主题文字.cdr" 文件导入，然后将其调整至合适的大小后放置到如图 7-62 所示的位置。

图7-61　绘制的图形

图7-62　图形放置的位置

17. 按 Ctrl+I 键，将附盘中 "图库\第 07 章" 目录下名为 "啤酒.psd" 的图像文件导入，然后将其调整至合适的大小后放置到如图 7-63 所示的位置。

18. 利用 🔲 工具、🔲 工具和 🔲 工具，依次绘制并调整出如图 7-64 所示的不规则图形。

图7-63　图形放置的位置

图7-64　绘制的图形

19. 利用 🔲 工具，依次为不规则图形添加如图 7-65 所示的交互式透明效果。

20. 将步骤 18 中绘制的不规则图形同时选择并群组，然后依次按 Ctrl+PageDown 键，将群组后的图形调整至"主题文字"的下方，效果如图 7-66 所示。

21. 继续利用 🔲 工具和 🔲 工具，依次绘制出如图 7-67 所示的水滴图形。

图7-65　添加的交互式透明效果

图7-66　调整图形顺序后的画面效果

图7-67　绘制的图形

22. 将水滴图形选择并群组，然后用移动复制及缩放和旋转图形的方法，将水滴图形依次复制并调整，效果如图 7-68 所示。

23. 按 Ctrl+I 键，将附盘中"图库\第 07 章"目录下名为"礼品.cdr"的图形文件导入，然后按 Ctrl+U 键将礼品图形的群组取消。

24. 分别选择礼品图形，依次调整至合适的大小后移动到如图 7-69 所示的位置。

图7-68 图形放置的位置　　　　　　　　　　　图7-69 图形放置的位置

25. 利用 字 工具依次输入如图 7-70 所示的白色文字和字母，然后利用 工具和 工具，并结合镜像复制图形的方法，依次绘制并复制出如图 7-71 所示的白色无轮廓不规则图形。

图7-70 输入的文字　　　　　　　　　　　　图7-71 绘制的图形

接下来输入段落文本。

26. 选择 字 工具，将鼠标光标移动到主题文字的下方，按住鼠标左键并向右下方拖曳，绘制出如图 7-72 所示的段落文本框，然后输入如图 7-73 所示的白色文字。

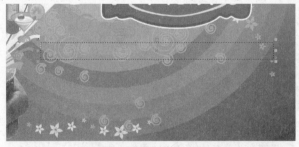

图7-72 绘制的段落文本框

图7-73 输入的文字

27. 利用 工具在段落文本的下方绘制出如图 7-74 所示的轮廓色为白色的圆角矩形，然后按 Ctrl+Q 键将其转换为曲线。

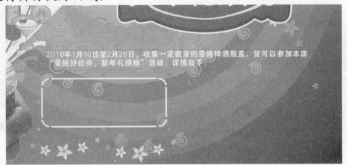

图7-74 绘制的图形

28. 选择 工具，并框选如图 7-75 所示的节点，然后单击属性栏中的 按钮，将选择的节点分离。

29. 将分离后的节点向左拖曳至如图 7-76 所示的位置。

图7-75 选择的节点

图7-76 调整后的节点位置

30. 利用 字 工具输入如图 7-77 所示的白色文字，然后在其下方输入如图 7-78 所示的段落文本。

图7-77 输入的文字

图7-78 输入的段落文字

31. 执行【文本】/【项目符号】命令，在弹出的【项目符号】对话框中勾选【使用项目符号】复选项，然后设置其他选项及参数，如图 7-79 所示。

32. 单击 确定 按钮，添加的项目符号后的段落文本如图 7-80 所示。

图7-79 【项目符号】对话框

图7-80 添加的项目符号

33. 将步骤 27～32 绘制的图形及输入的文字选择后向右移动复制，然后分别修改复制出的图形及文字内容，最终效果如图 7-81 所示。

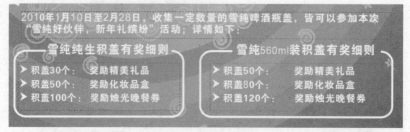

图7-81　复制出的图形及文字

34. 利用 字 工具在画面的右下角依次输入如图 7-82 所示的白色文字及字母，然后选择上方的 "本活动……" 文字，并单击属性栏中的  按钮，将文字设置为垂直排列，再将其移动至如图 7-83 所示的位置。

图7-82　输入的文字　　　　　　　　　　　　　图7-83　文字放置的位置

至此，啤酒报纸广告设计完成，整体效果如图 7-84 所示。

图7-84　设计完成的啤酒广告

35. 按 Ctrl + S 键，将此文件命名为 "啤酒广告.cdr" 保存。

7.3　文本特效

本节主要来讲解各种文本特效，包括沿路径排列文本、文本绕图以及设置制表位、栏、项目符号、首字下沉、断行规则和【插入字符】命令的运用。

7.3.1　输入沿路径排列的文本

当需要将文字沿特定的框架进行编辑时，可以采用文本适配路径或适配图形的方法进行编辑。文本适配路径命令是将所输入的美术文本按指定的路径进行编辑处理，使其达到意想不到的艺术效果。沿路径输入文本时，系统会根据路径的形状自动排列文本，使用的路径可以是闭合的图形也可以是未闭合的曲线。其优点在于文字可以按任意形状排列，并且可以轻松地制作各种文本排列的艺术效果。

输入沿路径排列的文本的具体操作为：首先利用绘图或线形工具绘制出闭合或开放的图形，作为路径。然后选择 字 工具，将鼠标光标移动到路径的外轮廓上，当鼠标光标显示为 I形状时，单击插入文本光标，依次输入需要的文本，此时输入的文本即可沿图形或线形的外轮廓排列；如将鼠标光标放置在闭合图形的内部，当鼠标光标显示为 I形状时，单击鼠标左键，此时图形内部将根据闭合图形的形状出现虚线框，并显示插入文本光标，依次输入需要的文本，所输入的文本即以图形外轮廓的形状进行排列。

文本适配路径后，此时的属性栏如图 7-85 所示。

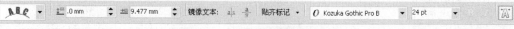

图7-85　文本适配路径时的属性栏

- 【文字方向】 ：可在该下拉列表中设置适配路径后的文字相对于路径的方向。
- 【与路径距离】 ：设置文本与路径之间的距离。参数为正值时，文本向外扩展；参数为负值时，文本向内收缩。
- 【水平偏移】 ：设置文本在路径上偏移的位置。数值为正值时，文本按顺时针方向旋转偏移；数值为负值时，文本按逆时针方向旋转偏移。
- 【镜像文本】：对文本进行镜像设置，单击 按钮，可使文本在水平方向上镜像；单击 按钮，可使文本在垂直方向上镜像。
- 【贴齐标记】：如果设置了此选项，在调整路径中的文本与路径之间的距离时，会按照设置的【标记距离】参数自动捕捉文本与路径之间的距离。

7.3.2　文本绕图

在 CorelDRAW 中可以将段落文本围绕图形进行排列，使画面更加美观。段落文本围绕图形排列称为文本绕图。

设置文本绕图的具体操作为：利用 字 工具输入段落文本，然后绘制任意图形或导入位图图像，将图形或图像放置在段落文本上，使其与段落文本有重叠的区域，再单击属性栏中的 按钮，系统将弹出如图 7-86 所示的【绕图样式】选项面板。

- 文本绕图主要有两种方式，一种是围绕图形的轮廓进行排列；另一种是围绕图形的边界框进行排列。在【轮廓】和【方形】选项中单击任意一个选项，即可设置文本绕图效果。

- 在【文本绕图偏移】下方的文本框中输入数值，可以设置段落文本与图形之间的间距。

- 如要取消文本绕图，可单击【换行样式】选项面板中的【无】选项。

选择不同文本绕图样式后的效果如图 7-87 所示。

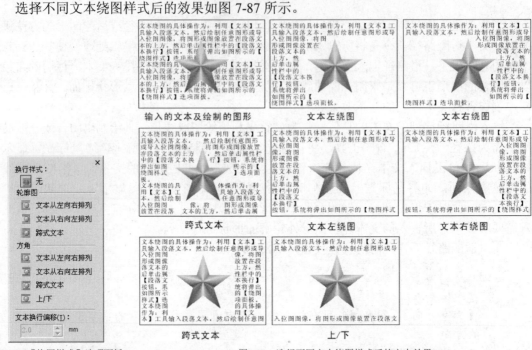

图7-86　【绕图样式】选项面板　　　　图7-87　选择不同文本绕图样式后的文本效果

7.3.3　【制表位】命令

设置制表位的目的是为了保证段落文本按照某种方式进行对齐，以使整个文本井然有序。此功能主要用于制作日历类的日期对齐排列及索引目录等。执行【文本】/【制表位】命令，将弹出如图 7-88 所示的【制表位设置】对话框。

> **要点提示** 要使用此功能进行对齐的文本，每个对象之间必须先使用 Tab 键进行分隔，即在每个对象之前加入 Tab 空格。

- 【制表位位置】：用于设置添加制表位的位置。此数值是在最后一个制表位的基础上而设置的。单击右侧的 添加(A) 按钮，可将此位置添加至制表位窗口的底部。

- 移除(R) 按钮：单击此按钮，可以将选择的制表位删除。

- 全部移除(E) 按钮：单击此按钮，可以删除制表位列表中的全部制表位。

- 前导符选项(L)... 按钮：单击此按钮，弹出如图 7-89 所示的【前导符设置】对话框。

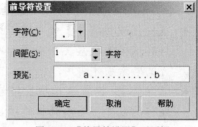

图7-88　【制表位设置】对话框　　　　　　图7-89　【前导符设置】对话框

【字符】：单击右侧的倒三角按钮，可在弹出的选项列表中选择制表位的前导符。

【间距】：在右侧的文本框中输入数值，可以设置前导符之间的距离。

【预览】：在右侧的窗口中可预览前导符的设置效果。

- 预览(P) 按钮：激活此按钮，在【制表位设置】对话框中的设置可随时在绘图窗口中显示。

- 在制表位列表中制表位的参数上单击，当参数高亮显示时，输入新的数值可以改变该制表位的位置。

- 在【对齐】列表中单击，当出现 ▼ 按钮时再单击，可以在弹出的下拉列表中改变该制表位的对齐方式，包括"左对齐"、"右对齐"、"居中对齐"和"小数点对齐"。

7.3.4　【栏】命令

当编辑有大量文字的文件时，通过对【栏】命令的设置，可以使排列的文字更容易阅读，看起来也更加美观。执行【文本】/【栏】命令，将弹出如图 7-90 所示的【栏设置】对话框。

- 【栏数】：设置段落文本的分栏数目。在下方的列表中显示了分栏后的栏宽和栏间距。当【栏宽相等】复选项不被勾选时，在【宽度】和【栏间宽度】中单击，可以设置不同的栏宽和栏间宽度。

- 【栏宽相等】：勾选此复选项，可以使分栏后的栏和栏之间的距离相同。

- 【保持当前图文框宽度】：点选此单选项，可以保持分栏后文本框的宽度不变。

- 【自动调整图文框宽度】：点选此单选项，当对段落文本进行分栏时，系统可以根据设置的栏宽自动调整文本框宽度。

图7-90　【栏设置】对话框

7.3.5 【项目符号】命令

在段落文本中添加项目符号，可以将一些没有顺
序的段落文本内容排成统一的风格，使版面的排列井
然有序。执行【文本】/【项目符号】命令，将弹出
如图 7-91 所示的【项目符号】对话框。

图7-91　【项目符号】对话框

- 【使用项目符号】命令：勾选此复选项，即
  可在选择的段落文本中添加项目符号，且下
  方的各选项才可用。
- 【字体】：设置选择项目符号的字体。随着
  字体的改变，当前选择的项目符号也将随之
  改变。
- 【符号】：单击右侧的倒三角按钮，可以在
  弹出的【项目符号】选项面板中选择想要添加的项目符号。
- 【大小】：设置选择项目符号的大小。
- 【基线位移】：设置项目符号在垂直方向上的偏移量。参数为正值时，项目符
  号向上偏移；参数为负值时，项目符号向下偏移。
- 【项目符号的列表使用悬挂式缩进】：勾选此复选项，添加的项目符号将在
  整个段落文本中悬挂式缩进。不勾选与勾选此选项时的项目符号如图 7-92
  所示。

图7-92　不勾选与勾选【项目符号的列表使用悬挂式缩进】复选项时的效果对比

7.3.6 【首字下沉】命令

首字下沉可以将段落文本中每一段文字的第一个字母或文字放大并嵌入文本。执行【文
本】/【首字下沉】命令，将弹出如图 7-93 所示的【首字下沉】对话框。

- 【使用首字下沉】命令：勾选此复选项，即可在选择的段落文本中添加首字
  下沉效果，且下方的各选项才可用。
- 【下沉行数】：设置首字下沉的字数，设置范围在"2～10"之间。
- 【首字下沉后的空格】：设置下沉文字与主体文字之间的距离。
- 【首字下沉使用悬挂式缩进】：勾选此复选项，首字下沉效果将在整个段落文
  本中悬挂式缩进。不勾选与勾选此选项时的项目符号如图 7-94 所示。

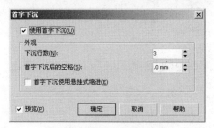

图7-93　【首字下沉】对话框

图7-94　不勾选与勾选【首字下沉使用悬挂式缩进】时的效果对比

7.3.7　【断行规则】命令

执行【文本】/【断行规则】命令，弹出的【亚洲断行规则】对话框如图 7-95 所示。

图7-95　【亚洲断行规则】对话框

- 【前导字符】：勾选此复选项，将确保不在选项文本框中的任何字符之后断行。
- 【下随字符】：勾选此复选项，将确保不在选项文本框中的任何字符之前断行。
- 【字符溢值】：勾选此复选项，将允许选项文本框中的字符延伸到行边距之外。

> **要点提示**　【前导字符】是指不能出现在行尾的字符；【下随字符】是指不能出现在行首的字符；【字符溢值】是指不能换行的字符，它可以延伸到右侧页边距或底部页边距之外。

- 在相应的选项文本框中，可以自行键入或移除字符，当要恢复以前的字符设置时，可单击右侧的 重置(S) 按钮。

7.3.8　【插入符号字符】命令

利用【插入符号字符】命令可以将系统已经定义好的符号或图形插入到当前文件中。

执行【文本】/【插入符号字符】命令（快捷键为 Ctrl+F11 键），弹出如图 7-96 所示的【插入字符】泊坞窗，选择好【代码页】及【字体】选项，然后拖曳下方符号选项窗口右侧的滑块，当出现需要的符号时释放鼠标左键，单击需要的符号，并在【字符大小】选项右侧的文本框中设置插入符号的大小，单击 插入(I) 按钮或在选择的符号上双击，即可将选择的符号插入到绘图窗口的中心位置。

图7-96　【插入字符】泊坞窗

> **要点提示**　在【键击】选项右侧的文本框中直接输入符号的序号，也可选择指定的符号。在选择的符号上按下鼠标左键并向绘图窗口中拖曳，可将选择的符号插入到绘图窗口中的任意位置。

7.4 拓展案例

通过本章的学习，读者自己动手设计出下面的通讯广告和面包报纸广告。

7.4.1 设计通信广告

灵活运用本章中讲解的 字 工具及案例的设计方法，设计出如图 7-97 所示的通讯广告。

【步骤解析】

1. 新建文件后，导入附盘中"图库\第 07 章"目录下名为"山川.jpg"的图片，然后在其上方绘制黄色图形。

图7-97 设计出的通信广告

2. 依次绘制箭头图形，然后输入相关的美术文字。

3. 在黄色图形上绘制圆角矩形及圆形，然后输入段落文字，右下角段落文字设置项目符号的方法与第 7.2.3 节中的相同。

7.4.2 设计面包报纸广告

灵活运用各种绘图工具及 字 工具来设计如图 7-98 所示的面包报纸广告。

图7-98 设计的面包报纸广告

【步骤解析】

1. 新建文件后绘制矩形，然后为其填充由绿色（C:10,Y:80）到橘黄色（M:25,Y:90）的线性渐变色。

2. 将附盘中"图库\第 07 章"目录下名为"蝴蝶.psd"的图片导入，然后选择 🔲 工具，并依次设置属性栏中 标准 和 ⟷ ▮ 90 的选项为"标准"和"90"。

3. 用移动复制、旋转和缩放图形操作，在画面中依次复制出如图 7-99 所示的蝴蝶图形，完成报纸广告的背景设计。

图7-99　制作的报纸广告背景

4. 利用 🔲 工具和 🔲 工具及移动复制、缩放和旋转图形操作，依次绘制出如图 7-100 所示的白色图案，然后再绘制出如图 7-101 所示的条纹。

图7-100　绘制的图案　　　　　　　　　　　　　　　图7-101　绘制的条纹图形

5. 利用 字 工具输入如图 7-102 所示的黑色文字，然后按 Ctrl + K 键将其拆分，并分别调整各个文字的大小及位置，效果如图 7-103 所示。

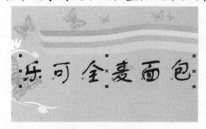　　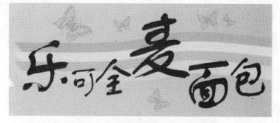

图7-102　输入的文字　　　　　　　　　　　图7-103　文字调整后的形态及位置

6. 将文字同时选择向左上方移动复制，然后将复制文字的颜色修改为洋红色，并添加白色的外轮廓，效果如图 7-104 所示。

7. 选择"麦"字并将其颜色修改为绿色，如图 7-105 所示。

图7-104　复制出的文字　　　　　　　　　　　图7-105　修改文字颜色后的效果

8. 利用 ⬚ 工具和 ⬚ 工具绘制线形，然后利用 字 工具沿线形输入如图 7-106 所示的文字。

9. 分别调整文字的字体、字号及字间距，调整后的效果如图 7-107 所示。

图7-106　输入的沿路径排列文字

图7-107　调整后的文字

10. 修改沿路径文字的颜色并添加边框，然后输入其他文字。

11. 最后依次导入附盘中 "图库\第 07 章" 目录下名为 "标志.cdr" 和 "面包.psd" 的图片，调整后放置到合适的位置，即可完成面包报纸广告的设计。

7.5　小结

　　本章主要讲述了【文本】工具的使用，包括美术文本、段落文本及沿路径文本的输入方法和属性设置，文本绕图、制表位、栏、项目符号和首字下沉等特效命令的应用。作品的设计，除了要重点考虑创意、构图、色彩和图形的选择等要素之外，还要注意文字的应用和编排。因此，课下希望读者能多做一些广告设计作品，以熟练掌握【文本】工具的应用及进行设计时要掌握的构图等要素。

第8章 效果工具——设计海报

本章主要介绍各种交互式工具的使用方法，包括【交互式调和】工具▣、【交互式轮廓图】工具▣、【交互式变形】工具▣、【交互式阴影】工具▣、【交互式封套】工具▣、【交互式立体化】工具▣和【交互式透明】工具▣等。

利用上述工具可以给图形进行调和、变形或添加轮廓、立体化、阴影及透明等效果。

【学习目标】

- 熟悉海报的制作方法。
- 掌握利用【交互式调和】工具调和图形的方法。
- 掌握利用【交互式轮廓图】工具为图形添加外轮廓的方法。
- 掌握利用【交互式变形】工具绘制各种花形的方法。
- 掌握为图形添加阴影及外发光效果。
- 掌握利用【交互式封套】工具对图形进行变形的方法。
- 掌握制作立体效果的方法。
- 掌握为图形制作透明效果的方法。
- 熟悉各种效果工具的综合运用。

8.1 交互式调和

利用【交互式调和】工具▣可以将一个图形经过形状、大小和颜色的渐变过渡到另一个图形上，且在这两个图形之间形成一系列的中间图形，这些中间图形显示了两个原始图形经过形状、大小和颜色的调和过程。

8.1.1 调和图形并编辑

【交互式调和】工具在调和图形时有 4 种类型，分别为直接调和、手绘调和、沿路径调和、复合调和。

一、 直接调和图形的方法

绘制两个不同颜色的图形，然后选择▣工具，将鼠标光标移动到其中一个图形上，当鼠标光标显示为▣形状时，按住鼠标左键向另一个图形上拖曳，当在两个图形之间出现一系列的虚线图形时，释放鼠标左键即完成直接调和图形的操作。直接调和图形的过程示意图如图 8-1 所示。

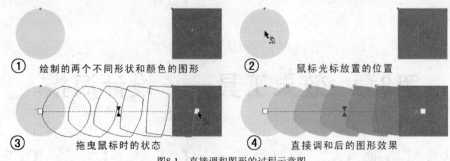

① 绘制的两个不同形状和颜色的图形　② 鼠标光标放置的位置

③ 拖曳鼠标时的状态　④ 直接调和后的图形效果

图8-1　直接调和图形的过程示意图

二、　手绘调和图形的方法

绘制两个不同颜色的图形，然后选择 工具，按住 Alt 键，将鼠标光标移动到其中一个图形上，当鼠标光标显示为 形状时，按住鼠标左键并随意拖曳，绘制调和图形的路径，至第二个图形上释放鼠标左键，即可完成手绘调和图形的操作。手绘调和图形的过程示意图，如图 8-2 所示。

绘制的两个图形　　按住 Alt 键拖曳鼠标时的状态　　手绘调和后的图形效果

图8-2　手绘调和图形的过程示意图

三、　沿路径调和图形的方法

先制作出直接调和图形，并绘制一条路径（路径可以为任意的线形或图形），选择调和图形，单击属性栏中的【路径属性】按钮 ，在弹出的选项面板中选择【新路径】选项，此时鼠标光标将显示为 形状，将鼠标光标移动到绘制的路径上单击，即可创建沿路径调和的图形。创建沿路径调和图形后，单击属性栏中的【杂项调和选项】按钮 ，在弹出的选项面板中勾选【沿全路径调和】复选项，可以将图形完全按照路径进行调和。沿路径调和图形的过程示意图，如图 8-3 所示。

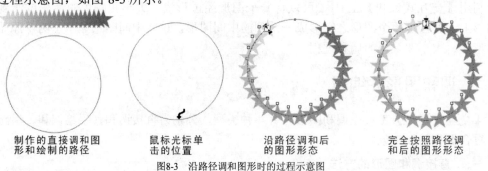

制作的直接调和图　　鼠标光标单　　沿路径调和后　　完全按照路径调
形和绘制的路径　　击的位置　　的图形形态　　和后的图形形态

图8-3　沿路径调和图形时的过程示意图

四、　复合调和图形的使用方法

先制作出直接调和图形并绘制一个新图形，选择直接调和图形，再选择 工具，然后将鼠标光标移动到直接调和图形的起始图形或结束图形上，当鼠标光标显示为 形状时，按住鼠标左键并向绘制的新图形上拖曳；当图形之间出现一些虚线轮廓时，释放鼠标左键即可完成复合调和图形的操作。复合调和图形的过程示意图，如图 8-4 所示。

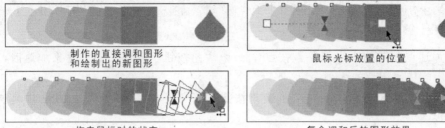

制作的直接调和图形
和绘制出的新图形　　　　　　　鼠标光标放置的位置

拖曳鼠标时的状态　　　　　　　复合调和后的图形效果

图8-4　复合调和图形的过程示意图

【交互式调和】工具的属性栏如图 8-5 所示。

图8-5　【交互式调和】工具的属性栏

一、　预置设置

- 【预设列表】预设...：在此下拉列表中可选择软件预设的调和样式。
- 【添加预设】按钮：单击此按钮，可将当前制作的调和样式保存。
- 【删除预设】按钮：单击此按钮，可将当前选择的调和样式删除。

二、　步数及调和设置

- 【调和步长数】按钮和【调和间距】按钮：只有创建了沿路径调和的图形后，这两个按钮才可用。主要用于确定图形在路径上是按指定的步数还是固定的间距进行调和。
- 【步长或调和形状之间的偏移量】：在此文本框中可以设置两个图形之间层次的多少及中间调和图形之间的偏移量。图 8-6 所示为设置不同步数和偏移量值后图形的调和效果对比。

图8-6　设置不同的步长和偏移量时图形的调和效果对比

- 【调和方向】：可以对调和后的中间图形进行旋转。当输入正值时，图形将逆时针旋转；当输入负值时，图形将顺时针旋转。
- 【环绕调和】按钮：当设置了【调和方向】选项后，此按钮才可用。激活此按钮，可以在两个调和图形之间围绕调和的中心点旋转中间的图形。

三、　调和颜色设置

- 【直接调和】按钮：可用直接渐变的方式填充中间的图形。
- 【顺时针调和】按钮：可用代表色彩轮盘顺时针方向的色彩填充中间的图形。
- 【逆时针调和】按钮：可用代表色彩轮盘逆时针方向的色彩填充中间的图形。
- 【对象和颜色加速】按钮：单击此按钮，将弹出【对象和颜色加速】选项面板，拖动其中的滑块位置，可对渐变路径中的图形或颜色分布进行调整。

> **要点提示** 当选项面板中的【锁定】按钮 处于激活状态时，通过拖曳滑块的位置将同时调整【对象】和【颜色】的加速效果。

- 【加速调和时的大小调整】按钮：激活此按钮，调和图形的对象加速时，将影响中间图形的大小。

- 【杂项调和选项】按钮：单击此按钮，将弹出如图 8-7 所示的调和选项面板。

    【映射节点】按钮：单击此按钮，先在起始图形的指定节点上单击，然后在结束图形上的指定节点上单击，可以调节调和图形的对齐点。

    【拆分】按钮：单击此按钮，然后在要拆分的图形上单击，可将该图形从调和图形中拆分出来。此时调整该图形的位置，会发现直接调和图形变为复合调和图形。

    【熔合始端】按钮 和【熔合末端】按钮：按住 Ctrl 键单击复合调和图形中的某一直接调合图形，然后单击 按钮或 按钮，可将该段直接调和图形之前或之后的复合调和图形转换为直接调和图形。

    【沿全路径调和】：勾选此复选项，可将沿路径排列的调合图形跟随整个路径排列。

    【旋转全部对象】：勾选此复选项，沿路径排列的调和图形将跟随路径的形态旋转。不勾选与勾选该项时的调和效果对比如图 8-8 所示。

图8-7 【杂项调和选项】选项面板 　　　图8-8 不勾选与勾选【旋转全部对象】复选项时的调和效果对比

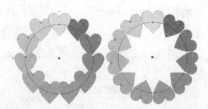

> **要点提示** 只有选择手绘调和或沿路径调和的图形时，【沿全路径调和】和【旋转全部对象】复选项才可用。

- 【起始和结束对象属性】按钮：单击此按钮，将弹出【起始和结束对象属性】的选项面板，在此面板中可以重新选择图形调和的起点或终点。

- 【路径属性】按钮：单击此按钮，将弹出【路径属性】选项面板。在此面板中，可以为选择的调和图形指定路径或将路径在沿路径调和的图形中分离。

四、 其他按钮

- 【复制调和属性】按钮：单击此按钮，然后在其他的调和图形上单击，可以将单击的调和图形属性复制到当前选择的调和图形上。

- 【清除调和】按钮：单击此按钮，可以将当前选择调和图形的调和属性清除，恢复为原来单独的图形形态。

> **要点提示** 和 按钮在其他一些交互式工具的工具栏中也有，使用方法与【交互式调和】工具的相同，在后面讲到其他交互式工具的属性栏时将不再介绍。

8.1.2 设计 POP 价格牌

下面灵活运用工具来设计 POP 价格牌。

【步骤解析】

1. 新建一个图形文件。
2. 选择工具，按住 Ctrl 键，在绘图窗口中绘制一个五角星图形。
3. 单击属性栏中的 ✲ 按钮，将五角星图形转换为具有曲线的可编辑性质，然后利用 ▷ 工具，将其调整至如图 8-9 所示的形态。
4. 选择 ▨ 工具，弹出【渐变填充】对话框，设置各选项及参数，如图 8-10 所示。

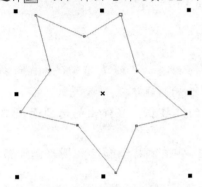

图8-9　调整后的图形形态

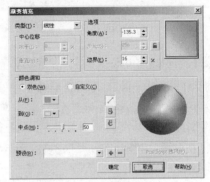

图8-10　【渐变填充】对话框

5. 单击 ▢ 确定 按钮，然后将图形的外轮廓线去除，填充渐变色后的图形效果如图 8-11 所示。

> 此处为图形填充渐变色的目的是为了将图形调和后，调和图形的各个面能产生不同的明暗度。希望读者注意。

6. 用移动复制图形的方法，将图形移动复制，并将复制出的图形调整至合适的大小后放置到如图 8-12 所示的位置。
7. 选择工具，将鼠标光标移动到上方的图形上按下鼠标左键并向下方的图形上拖曳，对两个图形进行交互式调和，效果如图 8-13 所示。

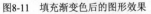

图8-11　填充渐变色后的图形效果

图8-12　图形放置的位置

图8-13　调和后的图形效果

8. 单击属性栏中的按钮，在弹出的选项面板中选择【显示起点】选项，然后选择调和图形的起始图形。
9. 按 Ctrl+PageUp 键将选择的图形调整至调和图形的前面，效果如图 8-14 所示。

10. 利用 工具将调和图形选择，然后将属性栏中 的参数设置为 "200"，设置调和步数后的图形效果如图 8-15 所示。

11. 用与步骤 8 相同的方法，将调和图形的结束图形选择，然后将其填充色修改为洋红色（M:100），效果如图 8-16 所示。

图8-14 调整图形顺序后的效果　　图8-15 设置调和步数后的图形效果　　图8-16 修改填充色后的图形效果

12. 利用 工具和 工具，绘制并调整出如图 8-17 所示的曲线路径。

13. 利用 工具选择调和图形，然后单击属性栏中的 按钮，在弹出的选项面板中选择【新路径】选项，此时鼠标光标显示为 形状。

14. 将鼠标光标移动到如图 8-18 所示的曲线路径上单击，将调和后的图形沿曲线路径调和。

15. 单击属性栏中的 按钮，在弹出的面板中勾选【沿全路径调和】复选项，此时的调和效果如图 8-19 所示。

图8-17 绘制的曲线路径　　　　图8-18 鼠标光标单击的位置　　　　图8-19 沿路径调和后的效果

16. 将曲线路径的外轮廓线去除，然后用旋转复制图形的方法，将调和后的图形依次旋转复制，效果如图 8-20 所示。

17. 用与步骤 8 相同的方法，选择如图 8-21 所示的结束图形。

图8-20 旋转复制出的图形　　　　　　图8-21 选择的图形

18. 将选择图形的填充色修改为绿色（C:100,Y:100），并将其轮廓色设置为白色，效果如图 8-22 所示。

19. 利用[ ]工具选择调和图形，单击属性栏中的[ ]按钮，在弹出的选项面板中选择【显示路径】选项，将曲线路径显示，然后利用[ ]工具将其调整至如图 8-23 所示的形态。

图8-22　修改填充色后的图形效果　　　　　　　图8-23　调整后的曲线形态

20. 用与步骤 17～19 相同的方法，依次将其他调和图形进行调整，调整后的图形效果如图 8-24 所示。

21. 将所有调和图形全部选择，然后按键盘数字区中的[ ]键，将其在原位置复制，并将复制出的图形以中心稍微缩小处理后旋转至如图 8-25 所示的形态。

图8-24　调整后的图形效果　　　　　　　图8-25　复制出的图形旋转后的形态

22. 选择如图 8-26 所示的调和图形，然后单击属性栏中的[ ]按钮，用代表色彩轮盘顺时针方向的色彩填充中间的调和图形，效果如图 8-27 所示。

图8-26　选择的调和图形　　　　　　　图8-27　顺时针调和后的图形效果

23. 选择如图 8-28 所示的调和图形，然后单击属性栏中的 按钮，用代表色彩轮盘逆时针方向的色彩填充中间的调和图形，效果如图 8-29 所示。

图8-28 选择的调和图形

图8-29 逆时针调和后的图形效果

24. 用与步骤 22 和步骤 23 相同的方法，依次对复制出的调和图形进行颜色调整，调整后的图形效果如图 8-30 所示。

25. 利用 工具依次绘制出如图 8-31 所示的椭圆形，并将其同时选择。

图8-30 调整后的图形效果

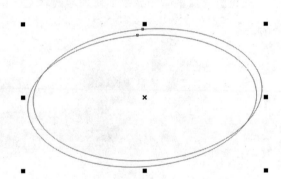

图8-31 绘制的图形

26. 单击属性栏中的 按钮，将选择的图形进行修剪，修剪后的图形形态如图 8-32 所示。

27. 为修剪后的图形填充上橘红色（M:60,Y:100），并将其外轮廓线去除，填充颜色后的图形效果如图 8-33 所示。

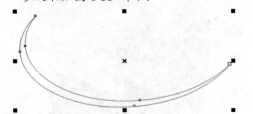

图8-32 修剪后的图形形态

图8-33 填充颜色后的图形效果

28. 选择 工具，将属性栏中 标准 ▼ 设置为"标准"，┣ 75 的参数设置为"75"，为修剪后的图形添加交互式透明效果，然后将其移动至如图 8-34 所示的位置。

29. 用移动复制图形和旋转图形的方法，将修剪后的图形依次复制后并旋转，然后将复制出的图形分别放置到如图 8-35 所示的位置。

图8-34　图形放置的位置　　　　　　　　　　　　图8-35　图形放置的位置

30. 双击 工具，将绘图窗口中的所有图形同时选择，然后按 Ctrl + G 键，将选择的图形群组。

31. 利用 工具，绘制出如图 8-36 所示的黄色（Y:100）无外轮廓的矩形。

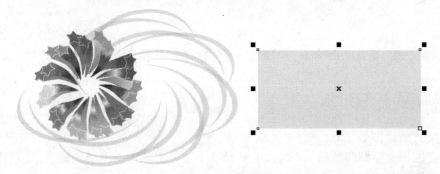

图8-36　绘制的图形

32. 在群组后的图形上按住鼠标右键并向矩形上拖曳，其状态如图 8-37 所示，当鼠标光标显示为 形状时，释放鼠标右键，然后在弹出的菜单中选择【图框精确剪裁内部】命令，将群组后的图形置入矩形中。

33. 执行【效果】/【图框精确剪裁】/【编辑内容】命令，进入内容编辑模式，然后将群组后的图形移动至如图 8-38 所示的位置。

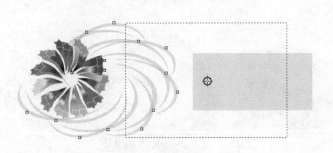

图8-37　拖曳图形时的状态　　　　　　　　　　　图8-38　图形放置的位置

34. 单击绘图窗口左下角的 完成编辑对象 按钮，完成对内容的编辑，效果如图 8-39 所示。

35. 利用  工具，依次绘制出如图 8-40 所示的轮廓色为秋橘红（M:60,Y:80）的两条直线。

图8-39　编辑内容后的效果

图8-40　绘制的直线

36. 利用 字 工具和 工具，依次输入并制作出如图 8-41 所示的文字效果，完成价格牌的设计。

图8-41　制作出的文字效果

37. 按 Ctrl+S 键，将此文件命名为 "POP 价格牌.cdr" 保存。

8.2 交互式轮廓图

　　【交互式轮廓图】工具 的工作原理与【交互式调和】工具 的相同，都是利用渐变的步数来使图形产生调和效果。但【交互式调和】工具必须用于两个或两个以上的图形，而【交互式轮廓图】工具只需要一个图形即可。

8.2.1 设置轮廓效果并编辑

　　选择要添加轮廓的图形，然后选择 工具，再单击属性栏中相应的轮廓图样式按钮（【到中心】 、【向内】 或【向外】 ），即可为选择的图形添加相应的交互式轮廓图效果。选择 工具后，在图形上拖曳鼠标光标，也可为图形添加交互式轮廓图效果。使用此工具制作的字母轮廓图效果如图 8-42 所示。

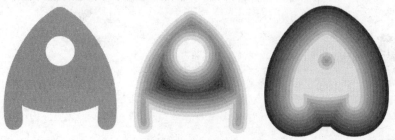

图8-42　制作的轮廓图效果

当为图形添加交互式轮廓图样式后，在属性栏中还可以设置轮廓的步长、偏移量及最后一个轮廓的轮廓色、填充色或结束色。

【交互式轮廓图】工具 的属性栏如图 8-43 所示。

图8-43　【交互式轮廓图】工具的属性栏

- 【到中心】按钮：单击此按钮，可以产生使图形的轮廓由图形的外边缘逐步缩小至图形的中心的调和效果。

- 【向内】按钮：单击此按钮，可以产生使图形的轮廓由图形的外边缘向内延伸的调和效果。

- 【向外】按钮：单击此按钮，可以产生使图形的轮廓由图形的外边缘向外延伸的调和效果。

- 【轮廓图步长】：用于设置生成轮廓数目的多少。数值越大，产生的轮廓层次越多。当选择 按钮时此选项不可用。

- 【轮廓图偏移】：用于设置轮廓之间的距离。数值越大，轮廓之间的距离越大。

- 【轮廓色】按钮 和【填充色】按钮：单击相应按钮，可在弹出的【颜色选项】面板中为轮廓图最后一个轮廓图形设置轮廓色或填充色。当在【颜色选项】面板中单击 其它(O)... 按钮时，可在弹出的【选择颜色】对话框中设置新的颜色。

- 【渐变填充结束色】按钮：当添加轮廓图效果的图形为渐变填充时，此按钮才可用。单击此按钮，可在弹出的【颜色选项】面板中设置最后一个轮廓图形渐变填充的结束色。

8.2.2　设计清仓海报

下面灵活运用 工具来设计商场的清仓海报。

【步骤解析】

1. 按 Ctrl+O 键，将附盘中"图库\第 08 章"目录下名为"背景.cdr"的图形文件打开，如图 8-44 所示。

图8-44　打开的图形文件

2. 利用 字 工具在画面中输入"清仓大甩卖"文字，再按 Ctrl+Q 键，将其转换为曲线，然后利用 工具将其调整至如图 8-45 所示的形态。

3. 选择 工具，弹出【渐变填充】对话框，设置各选项及参数，如图 8-46 所示，然后单击 确定 按钮，填充渐变色后的文字效果如图 8-47 所示。

图8-45　调整后的文字形态

图8-46　【渐变填充】对话框

图8-47　填充渐变色后的文字效果

4. 选择 工具，弹出【轮廓笔】对话框，设置各选项及参数，如图 8-48 所示，然后单击 确定 按钮，设置轮廓属性后的文字效果如图 8-49 所示。

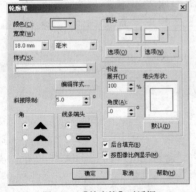

图8-48　【轮廓笔】对话框

图8-49　设置轮廓属性后的文字效果

5. 执行【排列】/【将轮廓转换为对象】命令，将文字的轮廓转换为填充对象，然后利用 工具将其调整至如图 8-50 所示的形态。

图8-50　调整后的图形形态

6. 选择工具，将鼠标光标移动到白色轮廓图形上向上拖曳，为其添加交互式轮廓图效果，设置的属性栏中参数及添加交互式轮廓图后的图形效果如图 8-51 所示。

图8-51　属性设置及添加交互式轮廓图后的图形效果

7. 按 Ctrl+I 键，将附盘中 "图库\第 08 章" 目录下名为 "花草.cdr" 的图形文件导入，然后将其调整至合适的大小及角度后放置到如图 8-52 所示的位置。

8. 选择 ◎ 工具，按住 Ctrl 键，绘制出如图 8-53 所示的深黄色（M:20,Y:100）无外轮廓的圆形。

图8-52　图形放置的位置

图8-53　绘制的图形

9. 选择 ◎ 工具，将鼠标光标移动到圆形上向右拖曳，为其添加交互式轮廓图效果。

10. 激活属性栏中的 ◎ 按钮，然后将属性栏中 5 的参数设置为 "5"，设置属性后的交互式轮廓图效果如图 8-54 所示。

11. 用移动复制图形的方法，将圆形依次复制，并在属性栏中设置复制出图形的轮廓属性，然后分别将复制出的图形放置到如图 8-55 所示的位置。

图8-54　设置属性后的轮廓图效果

图8-55　图形放置的位置

12. 将圆形全部选择，并将其调整至白色轮廓图形的后面，然后按 Ctrl+I 键，将附盘中 "图库\第 08 章"目录下名为"节日素材.cdr"的图形文件导入。

13. 按 Ctrl+U 键取消导入图形的群组，然后分别选择需要的图形调整至合适的大小后放置到如图 8-56 所示的位置。

图8-56　图形放置的位置

14. 按 Ctrl+Shift+S 键，将此文件命名为"清仓海报.cdr"另存。

8.3　交互式变形

利用【交互式变形】工具 可以给图形创建特殊的变形效果。

8.3.1　变形图形并编辑

利用 工具对图形进行变形主要包括推拉变形、拉链变形和扭曲变形 3 种方式。图 8-57 所示为使用这 3 种不同的变形方式时，对同一个图形产生的不同变形效果。

图8-57　原图与变形后的效果

一、　【推拉变形】方式

【推拉变形】方式可以通过将图形向不同的方向拖曳，从而将图形边缘推进或拉出。具体操作为：选择图形，然后选择 工具，激活属性栏中的 按钮，再将鼠标光标移动到选择的图形上，按下鼠标左键并水平拖曳。当向左拖曳时，可以使图形边缘推向图形的中心，产生推进变形效果；当向右拖曳时，可以使图形边缘从中心拉开，产生拉出变形效果。拖曳到合适的位置后，释放鼠标左键即可完成图形的变形操作。

当激活  工具属性栏中的 按钮时，其相对应的属性栏如图8-58所示。

图8-58 激活 按钮时的属性栏

- 【添加新的变形】按钮 ：单击此按钮，可以将当前的变形图形作为一个新的图形，从而可以再次对此图形进行变形。

 因为图形最大的变形程度取决于【推拉失真振幅】值的大小，如果图形需要的变形程度超过了它的取值范围，则在图形的第一次变形后单击 按钮，然后再对其进行第二次变形即可。

- 【推拉失真振幅】 139 ：可以设置图形推拉变形的振幅大小。设置范围为
  "－200～200"。当参数为负值时，可将图形进行推进变形；当参数为正值时，可以对图形进行拉出变形。此数值的绝对值越大，变形越明显，如图8-59所示为原图与设置不同参数时图形的变形效果对比。

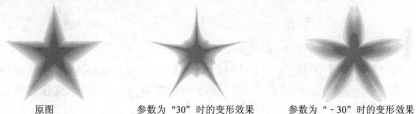

原图　　　　　　参数为"30"时的变形效果　　　参数为"－30"时的变形效果

图8-59 原图与设置不同参数时图形的变形效果对比

- 【中心变形】按钮 ：单击此按钮，可以确保图形变形时的中心点位于图形的中心点。

二、【拉链变形】方式

【拉链变形】方式可以将当前选择的图形边缘调整为带有尖锐的锯齿状轮廓效果。具体操作为：选择图形，然后选择 工具，并激活属性栏中的 按钮，再将鼠标光标移动到选择的图形上按下鼠标左键并拖曳，至合适位置后释放鼠标左键即可为选择的图形添加拉链变形效果。

当激活 工具属性栏中的 按钮时，其相对应的属性栏如图8-60所示。

图8-60 激活 按钮时的属性栏

- 【拉链失真振幅】 0 ：用于设置图形的变形幅度，设置范围为0～100。
- 【拉链失真频率】 0 ：用于设置图形的变形频率，设置范围为0～100。
- 【随机变形】按钮 ：可以使当前选择的图形根据软件默认的方式进行随机性的变形。
- 【平滑变形】按钮 ：可以使图形在拉链变形时产生的尖角变得平滑。
- 【局部变形】按钮 ：可以使图形的局部产生拉链变形效果。

分别使用以上3种变形方式时图形的变形效果如图8-61所示。

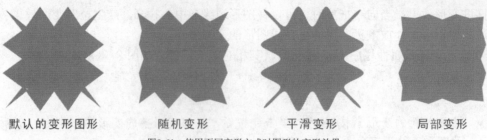

| 默认的变形图形 | 随机变形 | 平滑变形 | 局部变形 |

图8-61 使用不同变形方式时图形的变形效果

三、【扭曲变形】方式

【扭曲变形】方式可以使图形绕其自身旋转，产生类似螺旋形效果。具体操作为：选择图形，然后选择 工具，并激活属性栏中的 按钮，再将鼠标光标移动到选择的图形上，按下鼠标左键确定变形的中心，然后拖曳鼠标光标绕变形中心旋转，释放鼠标左键后即可产生扭曲变形效果。

当激活 工具属性栏中的 按钮时，其相对应的属性栏如图 8-62 所示。

图8-62 激活 按钮时【交互式变形】工具的属性栏

- 【顺时针旋转】按钮 和【逆时针旋转】按钮 ：设置图形变形时的旋转方向。单击 按钮，可以使图形按顺时针方向旋转；单击 按钮，可以使图形按逆时针方向旋转。
- 【完全旋转】 ：用于设置图形绕旋转中心旋转的圈数，设置范围为"0～9"。图 8-63 所示为设置"1"和"3"时图形的旋转效果。
- 【附加角度】 ：用于设置图形旋转的角度，设置范围为"0～359"。图 8-64 所示为设置"150"和"300"时图形的变形效果。

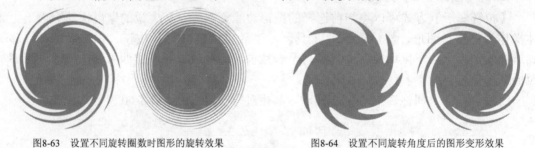

图8-63 设置不同旋转圈数时图形的旋转效果　　　图8-64 设置不同旋转角度后的图形变形效果

8.3.2 设计春装促销海报

下面灵活运用 工具来设计商场的春装促销海报。

【步骤解析】
1. 新建一个图形文件。
2. 利用 工具和 工具，绘制并调整出如图 8-65 所示的不规则图形。
3. 选择 工具，弹出【渐变填充】对话框，设置各选项及参数，如图 8-66 所示。

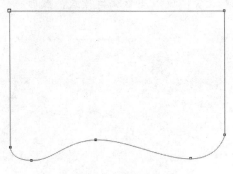

图8-65　绘制的图形

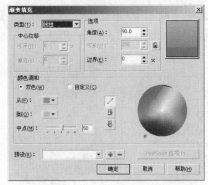

图8-66　【渐变填充】对话框

4.　单击 _____确定_____ 按钮，然后将图形的外轮廓线去除，填充渐变色后的图形效果如图 8-67
　　所示。

5.　利用 ■ 工具，绘制出如图 8-68 所示的黄色（Y:100）无外轮廓的矩形。

图8-67　填充渐变色后的图形效果

图8-68　绘制的图形

6.　选择 ■ 工具，将属性栏中 ┃射线　　▼┃ 设置为"射线"，为矩形添加交互式透明效果。

7.　单击属性栏中的 ■ 按钮，弹出【渐变透明度】对话框，设置各选项及参数，如图 8-69
　　所示，然后单击 _____确定_____ 按钮。

8.　将属性栏中 ⬌┃___┃100┃ 的参数设置为"100"，设置透明度属性后的图形效果如图 8-70
　　所示，然后将其移动至如图 8-71 所示的位置。

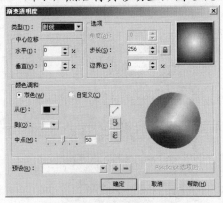

图8-69　【渐变透明度】对话框

图8-70　设置透明度属性后的效果　　　图8-71　图形放置的位置

9.　依次向右移动复制矩形，然后分别调整复制图形的宽度及颜色，最终效果如图 8-72 所示。

10. 将所有矩形同时选择，然后利用【效果】/【图框精确剪裁】/【放置到容器中】命令，
　　将其放置到不规则图形中。

11. 执行【效果】/【图框精确剪裁】/【编辑内容】命令，进入图形编辑模式，然后将矩形移动至如图 8-73 所示的位置。

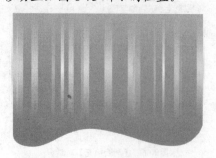

图8-72　制作出的图形效果

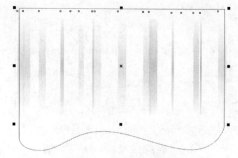

图8-73　图形放置的位置

12. 按 Ctrl+I 键，将附盘中"图库\第 08 章"目录下名为"花图案.cdr"的图形导入，然后将其分别调整至合适的大小后放置到如图 8-74 所示的位置。

13. 将左上角的"花草"图形移动复制，并将复制出的图形旋转 180° 后放置到如图 8-75 所示的位置。

图8-74　图形放置的位置

图8-75　图形放置的位置

14. 单击绘图窗口左下角的 完成编辑对象 按钮，完成对图形的编辑，然后利用 字 工具和 工具，依次输入并调整出如图 8-76 所示的文字效果。

15. 选择 工具，将属性栏中 5 的参数设置为"5"，然后按住 Ctrl 键，在画面中绘制出如图 8-77 所示的月光绿色（C:20,Y:60）五边形图形。

图8-76　制作出的文字效果

图8-77　绘制的图形

16. 选择 工具，并激活属性栏中的 按钮，然后将鼠标光标移动到五边形的中心位置按下鼠标左键并向左拖曳，对图形进行拉伸变形，状态如图 8-78 所示，释放鼠标左键后得到如图 8-79 所示的变形图形。

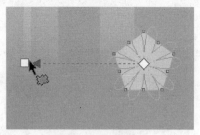

图8-78　变形时的状态

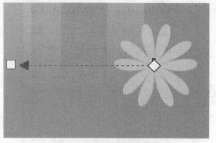

图8-79　变形后的图形形态

17. 将变形后的图形以中心等比例缩小复制，并将复制出图形的填充色修改为白色，效果如图 8-80 所示。

18. 利用 工具将两个花卉图形同时选择，并在其上再次单击使其周围出现旋转和扭曲符号，然后将其旋转至如图 8-81 所示的形态。

图8-80　复制的图形

图8-81　旋转后的图形形态

19. 用移动复制图形的方法，将花卉图形依次复制，并分别调整一下大小、位置和颜色，效果如图 8-82 所示。

图8-82　复制出的图形调整后的效果

20. 选择 工具，在画面的右下角绘制出如图 8-83 所示的矩形。

21. 选择 工具，将鼠标光标移动到矩形的中上方位置，按下鼠标左键向左拖曳对图形进行拉伸变形，效果如图 8-84 所示。

图8-83　绘制的图形

图8-84　变形后的图形效果

22. 选择▨工具，弹出【渐变填充】对话框，设置各选项及参数，如图 8-85 所示。

23. 单击 ‾‾确定‾‾ 按钮，然后将图形的外轮廓线去除，填充渐变色后的图形效果如图 8-86 所示。

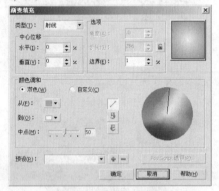

图8-85　【渐变填充】对话框

图8-86　填充渐变色后的图形效果

24. 选择◯工具，将属性栏中 ◯ 8 ▾ 的参数设置为 "8"，然后按住 Ctrl 键，在画面中绘制出一八边形图形。

25. 选择▨工具，将鼠标光标移动到八边形的中上方位置，按住鼠标左键向左拖曳对图形进行拉伸变形，效果如图 8-87 所示。

26. 执行【编辑】/【复制属性自】命令，弹出【复制属性】对话框，设置各选项，如图 8-88 所示，然后单击 ‾‾确定‾‾ 按钮。

图8-87　变形后的图形效果

图8-88　【复制属性】对话框

27. 将鼠标光标移动到如图 8-89 所示的位置单击，将被单击图形的填充属性复制到变形后的图形中，效果如图 8-90 所示。

28. 选择工具，将属性栏中的参数设置为"4"，然后按住 Ctrl 键，在画面中绘制出如图 8-91 所示的四边形图形。

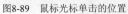

图8-89　鼠标光标单击的位置

图8-90　复制属性后的图形效果

图8-91　绘制的图形

29. 选择工具，将鼠标光标移动到四边形的上，向左拖曳鼠标对图形进行拉伸变形，效果如图 8-92 所示。

30. 用与步骤 26～27 相同的方法，为变形后的图形复制填充属性，效果如图 8-93 所示。

图8-92　变形后的图形效果

图8-93　复制属性后的图形效果

31. 用移动复制图形的方法，将花卉图形依次复制，并分别调整一下大小和位置，效果如图 8-94 所示。

图8-94　复制出的图形调整后的效果

32. 利用 ◻ 工具并结合移动复制图形的方法，在画面中依次绘制并复制出如图 8-95 所示的白色圆形。

图8-95　绘制并复制出的图形

33. 按 Ctrl+S 键，将此文件命名为"春装促销海报.cdr"保存。

8.4　交互式阴影和交互式透明

利用【交互式阴影】工具 ◻ 可以为矢量图形或位图图像添加阴影效果；利用【交互式透明】工具 ♇ 可以为矢量图形或位图图像添加各种各样的透明效果。

8.4.1　图形阴影设置

利用【交互式阴影】工具可以在选择的图形上添加两种情况的阴影。一种是将鼠标光标放置在图形的中心点上按下鼠标左键并拖曳产生的偏离阴影，另一种是将鼠标光标放置在除图形中心点以外的区域按下鼠标左键并拖曳产生的倾斜阴影。添加的阴影不同，属性栏中的可用参数也不同。应用交互式阴影后的图形效果如图 8-96 所示。

图8-96　制作的阴影效果

【交互式阴影】工具 ◻ 的属性栏如图 8-97 所示。

图8-97 【交互式阴影】工具的属性栏

- 【阴影偏移】 ![x:.0mm y:.0mm] ：用于设置阴影与图形之间的偏移距离。当创建偏移阴影时，此选项才可用。

- 【阴影角度】 ![□0] ：用于调整阴影的角度，设置范围为 "﹣360～360"。当创建倾斜阴影时，此选项才可用。

- 【阴影的不透明】 ![♀50] ：用于调整生成阴影的不透明度，设置范围为 "0～100"。当为 "0" 时，生成的阴影完全透明；当为 "100" 时，生成的阴影完全不透明。

- 【阴影羽化】 ![∅15] ：用于调整生成阴影的羽化程度。数值越大，阴影边缘越虚化。

- 【阴影羽化方向】按钮 ![图标] ：单击此按钮，将弹出如图 8-98 所示的【羽化方向】选项面板，利用此面板可以为交互式阴影选择羽化方向的样式。

- 【阴影羽化边缘】按钮 ![图标] ：单击此按钮，将弹出如图 8-99 所示的【羽化边缘】选项面板，利用此面板可以为交互式阴影选择羽化边缘的样式。注意，当在【羽化方向】选项面板中选择【平均】选项时，此按钮不可用。

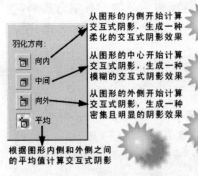

图8-98 【羽化方向】选项面板

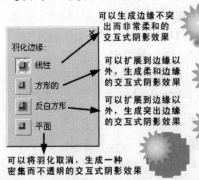

图8-99 【羽化边缘】选项面板

- 【淡出】 ![0] ：当创建倾斜阴影时，此选项才可用。用于设置阴影的淡出效果，设置范围为 "0～100"。数值越大，阴影淡出的效果越明显。图 8-100 所示为原图与调整【淡出】参数后的阴影效果。

- 【阴影延展】 ![50] ：当创建倾斜阴影时，此选项才可用。用于设置阴影的延伸距离，设置范围为 "0～100"。数值越大，阴影的延展距离越长。图 8-101 所示为原图与调整【阴影延展】参数后的阴影效果。

图8-100 原图与调整【淡出】参数后的效果　　　　图8-101 原图与调整【阴影延展】参数后的效果

- 【透明度操作】 ![乘] ：用于设置阴影的透明度样式。

- 【阴影颜色】按钮 ■ ▼：单击此按钮，可以在弹出的【颜色】选项面板中设置阴影的颜色。

8.4.2 为图形添加透明效果

选择 工具，在需要为其添加透明效果的图形上单击将其选择，然后在属性栏【透明度类型】中选择需要的透明度类型，即可为选择的图形添加交互式透明效果。为文字添加的线性透明效果如图 8-102 所示。

图8-102 文字添加透明后的效果

【交互式透明】工具 的属性栏，根据选择不同的透明度类型而显示不同的选项。默认状态下的属性栏如图 8-103 所示。

图8-103 【交互式透明】工具的属性栏

- 【透明度类型】 无 ▼ ：在此下拉列表中包括前面学过的各种填充效果，如 "标准"、"线性"、"射线"、"圆锥"、"方角"、"双色图样"、"全色图样"、"位图图样" 和 "底纹" 等。

> **要点提示** 在【透明度类型】中选择除 "无" 以外的其他选项时，属性栏中的其他参数才可用。

- 【编辑透明度】按钮 ：单击此按钮，将弹出相应的填充对话框，通过设置对话框中的选项和参数，可以制作出各种类型的透明效果。
- 【冻结】按钮 ：激活此按钮，可以将图形的透明效果冻结。当移动该图形时，图形之间叠加产生的效果将不会发生改变。

> **要点提示** 利用【交互式透明】工具为图形添加透明效果后，图形中将出现透明调整杆，通过调整其大小或位置，可以改变图形的透明效果。

8.4.3 设计秋季促销海报

下面灵活运用 工具和 工具来设计商场的秋季促销海报。

【步骤解析】

1. 新建一个图形文件。
2. 选择 工具，绘制一个矩形，然后选择 工具，弹出【渐变填充】对话框，设置各选项及参数，如图 8-104 所示。
3. 单击 确定 按钮，然后将图形的外轮廓线去除，填充渐变色后的图形效果如图 8-105 所示。

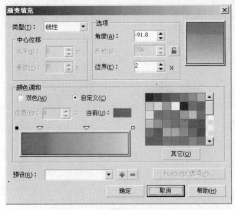

图8-104　【渐变填充】对话框

图8-105　填充渐变色后的图形效果

4. 利用 工具和 工具，依次绘制并调整出如图 8-106 所示的白色无外轮廓的不规则图形。

图8-106　绘制的图形

5. 选择 工具，将属性栏中 标准 设置为 "标准"， 的参数设置为 "88"，添加交互式透明效果后的图形效果如图 8-107 所示。

图8-107　添加交互式透明后的图形效果

6. 按空格键，将当前使用的工具切换为 工具，然后按键盘数字区中的 键，将添加透明效果的图形在原位置复制。

7. 选择 工具，单击属性栏中的 按钮，将复制出图形的透明效果取消，然后将其缩小至如图 8-108 所示的形态。

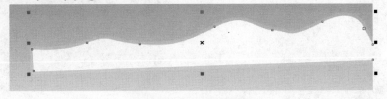

图8-108　缩小后的图形形态

8. 选择■工具，弹出【渐变填充】对话框，设置各选项及参数，如图 8-109 所示。

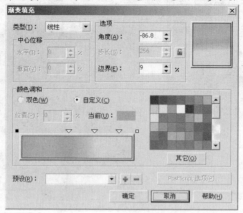

图8-109 【渐变填充】对话框

9. 单击 确定 按钮，填充渐变色后的图形效果如图 8-110 所示。

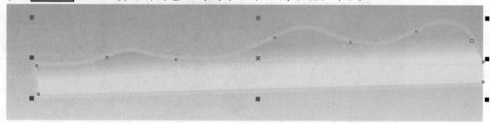

图8-110 填充渐变色后的图形效果

10. 利用 工具和 工具，绘制出如图 8-111 所示的深褐色（C:45,M:87,Y:100,K:5）无外轮廓的不规则图形。

图8-111 绘制的图形

11. 选择 工具，设置属性栏中各选项及参数，如图 8-112 所示，然后将鼠标光标移动至深褐色图形的内部，按住鼠标左键并向其右上方拖曳涂抹图形，涂抹后的图形效果如图 8-113 所示。

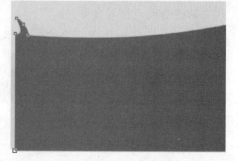

图8-112 【涂抹笔刷】工具的属性栏　　　　图8-113 涂抹后的图形形态

12. 用与步骤 11 相同的方法，依次涂抹深褐色图形，涂抹后的图形形态如图 8-114 所示。

图8-114   涂抹后的图形形态

13. 选择 工具，将属性栏中 标准 设置为 "标准"， 的参数设置为 "63"，添加交互式透明效果后的图形效果如图 8-115 所示。

图8-115   添加交互式透明后的图形效果

14. 将深褐色图形向右下方轻微移动并复制，然后将复制出图形的透明效果取消。

15. 选择 工具，弹出【渐变填充】对话框，设置各选项及参数，如图 8-116 所示。

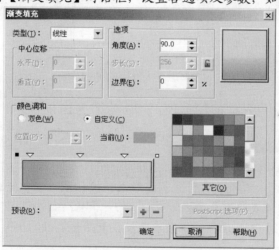

图8-116   【渐变填充】对话框

16. 单击 确定 按钮，填充渐变色后的图形效果如图 8-117 所示。

图8-117   填充渐变色后的图形效果

17. 选择○工具，按住 Ctrl 键绘制出如图 8-118 所示的白色圆形。

18. 选择☐工具，将属性栏中 标准 ▾ 设置为"标准"， ⊢——▏│ 79 的参数设置为"79"，添加交互式透明效果后的图形效果如图 8-119 所示。

图8-118　绘制的图形

图8-119　添加交互式透明后的图形效果

19. 将圆形以中心等比例缩小复制一个，然后选择☐工具，将属性栏中 ⊢——▏│ 90 的参数设置为"90"，效果如图 8-120 所示。

20. 再次将圆形以中心等比例缩小复制，然后将复制出图形的透明效果取消，效果如图 8-121 所示。

图8-120　复制出的图形

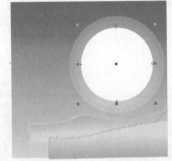

图8-121　复制出的图形

21. 选择☐工具，将鼠标光标移动到白色圆形上，按住鼠标左键并向右拖曳，为其添加如图 8-122 所示的交互式阴影效果。

22. 设置【交互式阴影】工具属性栏中的参数及设置阴影属性，阴影效果如图 8-123 所示。

图8-122　添加的交互式阴影效果

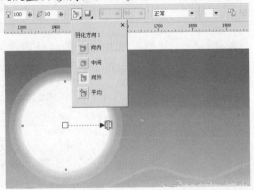

图8-123　修改阴影属性后的阴影效果

23. 按空格键，将当前使用的工具切换为 工具，然后按键盘数字区中的 + 键，将添加阴影效果后的圆形在原位置复制。

24. 将复制出图形的阴影效果取消，然后将其填充色修改为黄色（Y:100），效果如图 8-124 所示。

25. 选择 工具，将属性栏中 射线 选项设置为 "标准"， 13 % 选项的参数设置为 "13"，添加交互式透明后的图形效果如图 8-125 所示。

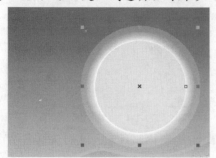

图8-124　复制的图形

图8-125　添加交互式透明后的图形效果

26. 利用 工具和 工具，依次绘制并调整出如图 8-126 所示的白色云彩图形。

27. 选择 工具，将属性栏中 标准 设置为 "标准"， 75 的参数设置为 "75"，添加交互式透明后的图形效果如图 8-127 所示。

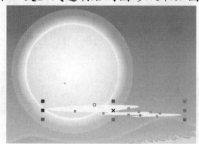

图8-126　绘制的图形

图8-127　添加的交互式透明效果

28. 用与步骤 26～27 相同的方法，依次在画面中绘制出如图 8-128 所示的云彩图形。

29. 按 Ctrl+I 键，将附盘中 "图库\第 08 章" 目录下名为 "麦穗和大雁.cdr" 的图形导入，然后按将 Ctrl+U 键取消群组，并将 "麦穗" 图形调整至合适的大小后放置到如图 8-129 所示的位置。

图8-128　绘制的图形

图8-129　图形放置的位置

30. 利用 [工具绘制出如图 8-130 所示的折线，然后选择 [工具，在弹出【轮廓笔】对话框中设置各选项及参数，如图 8-131 所示。

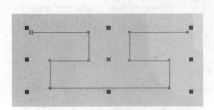

图8-130 绘制的折线

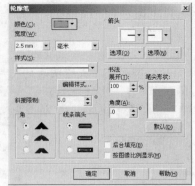

图8-131 【轮廓笔】对话框

31. 单击 [确定] 按钮，设置轮廓属性后的折线效果如图 8-132 所示，然后将其水平向右镜像复制，复制出的图形如图 8-133 所示。

图8-132 设置轮廓属性后的效果

图8-133 镜像复制出的图形

32. 依次按 Ctrl+R 键，重复镜像复制出如图 8-134 所示的图形，然后利用 [工具依次绘制出如图 8-135 所示的直线。

图8-134 镜像复制出的图形

图8-135 绘制的直线

33. 双击 [工具，将绘图窗口中的图形全部选择，然后按住 Shift 键单击导入的大雁图形，取消其选择，再按 Ctrl+G 键，将剩余的选择图形群组。

34. 利用 [工具绘制出如图 8-136 所示的矩形，然后将群组后的图形选择，并执行【效果】/【图框精确剪裁】/【放置到容器中】命令，将群组后的图形放置到矩形中。

图8-136 绘制的矩形

35. 执行【效果】/【图框精确剪裁】/【编辑内容】命令，然后利用▣工具将容器内的图形移动至如图 8-137 所示的位置。

图8-137 图形放置位置

36. 单击绘图窗口左下角的 完成编辑对象 按钮，完成对内容的编辑，效果如图 8-138 所示。

图8-138 编辑内容后的效果

37. 利用▣工具将导入的大雁图形调整至合适的大小后，移动到如图 8-139 所示的位置。

图8-139 图形放置的位置

38. 利用字工具，依次输入如图 8-140 所示的文字和英文字母。

39. 选择 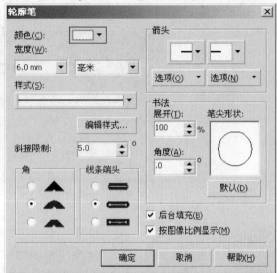工具，弹出【轮廓笔】对话框，设置各选项及参数，如图 8-141 所示。

图8-140 输入的文字

图8-141 【轮廓笔】对话框

40. 单击 确定 按钮，为文字设置轮廓属性。然后将其调整至合适的大小后移动至如图 8-142 所示的位置。

图8-142 文字放置的位置

41. 按 Ctrl+S 键，将此文件命名为"秋季促销海报.cdr"保存。

8.5 交互式封套

利用【交互式封套】工具 可以在图形或文字的周围添加带有控制点的蓝色虚线框，通过调整控制点的位置，可以很容易地对图形或文字进行变形。

8.5.1 图形封套设置与编辑

选择【交互式封套】工具，在需要为其添加交互式封套效果的图形或文字上单击将其选择，此时在图形或文字的周围将显示带有控制点的蓝色虚线框，将鼠标光标移动到控制点上拖曳，即可调整图形或文字的形状。应用交互式封套效果后的文字效果如图 8-143 所示。

图8-143　应用交互式封套后的文字效果

【交互式封套】工具 的属性栏如图 8-144 所示。

图8-144　【交互式封套】工具的属性栏

- 【封套的直线模式】按钮 □：此模式可以制作一种基于直线形式的封套。激活此按钮，可以沿水平或垂直方向拖曳封套的控制点来调整封套的一边。此模式可以为图形添加类似于透视点的效果。图 8-145 所示为原图与激活 □ 按钮后调整出的效果对比。
- 【封套的单弧模式】按钮 □：此模式可以制作一种基于单圆弧的封套。激活此按钮，可以沿水平或垂直方向拖曳封套的控制点，在封套的一边制作弧线形状。此模式可以使图形产生凹凸不平的效果。图 8-146 所示为原图与激活 □ 按钮后调整出的效果对比。

图8-145　原图与激活 □ 按钮后调整出的效果对比　　图8-146　原图与激活 □ 按钮后调整出的效果对比

- 【封套的双弧模式】按钮 □：此模式可以制作一种基于双弧线的封套。激活此按钮，可以沿水平或垂直方向拖曳封套的控制点，在封套的一边制作"S"形状。图 8-147 所示为原图与激活 □ 按钮后调整出的图形效果对比。
- 【封套的非强制模式】按钮 ✐：此模式可以制作出不受任何限制的封套。激活此按钮，可以任意调整选择的控制点和控制柄。图 8-148 所示为原图与激活 ✐ 按钮后调整出的效果对比。

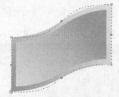

图8-147　原图与激活 按钮后调整出的效果对比

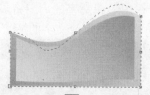

图8-148　原图与激活 按钮后调整出的效果对比

 当使用直线模式、单弧模式或双弧模式对图形进行编辑时，按住 Ctrl 键可以对图形中相对的节点一起进行同一方向的调节；按住 Shift 键，可以对图形中相对的节点一起进行反方向的调节；按住 Ctrl+Shift 组合键，可以对图形 4 条边或 4 个角上的节点同时调节。

- 【添加新封套】按钮 ：当对图形使用封套变形后，单击此按钮，可以再次为图形添加新封套，并进行编辑变形操作。
- 【映射模式】自由变形 ：用于选择封套改变图形外观的模式。
- 【保留线条】按钮 ：激活此按钮，为图形添加封套变形效果时，将保持图形中的直线不被转换为曲线。
- 【创建封套自】按钮 ：单击此按钮，然后将鼠标光标移动到图形上单击，可将单击图形的形状为选择的封套图形添加新封套。

8.5.2　设计中秋节海报

下面灵活运用 工具来设计商场的春装促销海报。

【步骤解析】
1. 新建一个图形文件。
2. 利用 工具绘制矩形，然后为其填充线性渐变色，并去除外轮廓，效果如图 8-149 所示。
3. 利用 工具和 工具，依次绘制出如图 8-150 所示的花形图形，然后将花形同时选择按 Ctrl+G 键群组。

图8-149　绘制的矩形

图8-150　绘制出的花形图形

4. 将花形图形移动到矩形的左上角，调整至合适的大小后依次复制，制作出如图 8-151 所示的花边效果。
5. 继续移动复制花形，并修改复制出花形的填充色和轮廓，然后再次移动复制花形，效果如图 8-152 所示。

图8-151　制作出的花边效果

图8-152　复制出的花形图形

6.　利用 工具绘制出如图 8-153 所示的红色（M:100,Y:100）、无外轮廓矩形。

7.　将鼠标放置到矩形右边中间的控制点上按下鼠标左键并向左拖曳，出现如图 8-154 所示的"中心"符号时，释放鼠标左键，将矩形缩小为原来的一半。

图8-153　绘制出的矩形

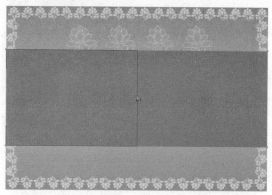

图8-154　鼠标拖动时的效果

8.　选择 工具，并激活属性栏中的 按钮，然后分别调整矩形右侧的两个节点，将矩形调整至如图 8-155 所示的透视效果。

9.　用镜像复制图形的方法，将透视变形后的矩形向右镜像复制，效果如图 8-156 所示。

图8-155　调整后的效果

图8-156　镜像复制出的图形

10.　选择 字 工具，输入如图 8-157 所示的黑色文字，然后将文字的填充色修改为黄色，并添加如图 8-158 所示的黑色外轮廓。

图8-157 输入的黑色文字

图8-158 修改后的文字效果

11. 选择 工具，并激活属性栏中的 按钮，然后分别调整变形框上方中间和下方中间的控制点，将文字调整至如图 8-159 所示的效果。

12. 选择 工具，并将属性栏中的 射线 设置为 "射线"，将 1 0 设置为 "0"，然后在 全部 下拉列表中选择 "轮廓"，文字添加交互式透明后的效果如图 8-160 所示。

图8-159 调整后的文字效果

图8-160 制作出的效果

13. 利用 工具在文字的中间位置绘制出如图 8-161 所示的黄色（Y:100）、无外轮廓圆形。

14. 选择 工具，然后将鼠标光标放置到圆形的中心位置按下鼠标左键并向右拖曳，为圆形添加交互式阴影效果。

15. 将阴影的颜色设置为黄色（Y:100），然后单击 按钮，在弹出的【羽化方向】选项面板中选择 "向外" 选项，再将 100 的参数设置为 "100"，调整阴影选项及参数后的效果如图 8-162 所示。

图8-161 绘制的圆形

图8-162 添加的交互式阴影效果

16. 利用 字 工具依次在花形及圆形上输入如图 8-163 所示的文字，然后将附盘中"图库\第 08 章"目录下名为"礼品.cdr"的图片导入，调整至合适的大小后放置到画面的右下角位置。

至此，中秋节海报的设计完成，整体效果如图 8-164 所示。

图8-163　输入的文字

图8-164　设计完成的中秋节海报

17. 按 Ctrl+S 键，将此文件命名为"中秋节海报.cdr"保存。

8.6　交互式立体化

利用【交互式立体化】工具 可以通过图形的形状向设置的消失点延伸，从而使二维图形产生逼真的三维立体效果。

8.6.1　制作立体效果并编辑

选择【交互式立体化】工具 ，在需要添加交互式立体化效果的图形上单击将其选择，然后拖曳鼠标光标即可为图形添加立体化效果。

【交互式立体化】工具 的属性栏如图 8-165 所示。

图8-165　【交互式立体化】工具的属性栏

- 【立体化类型】 ：其下拉列表中包括预设的 6 种不同的立体化样式，当选择其中任意一种时，可以将选择的立体化图形变为与选择的立体化样式相同的立体效果。

- 【深度】 ：用于设置立体化的立体进深，设置范围为"1~99"。数值越大立体化深度越大。图 8-166 所示为设置不同的【深度】参数时图形产生的立体化效果对比。

- 【灭点坐标】 ：用于设置立体图形灭点的坐标位置。灭点是指图形各点延伸线向消失点处延伸的相交点，如图 8-167 所示。

223

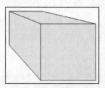
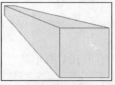

图8-166 设置不同参数时的立体化效果对比

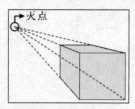

图8-167 立体化的灭点

- 【灭点属性】 锁定对象上的灭点 ：选择【锁到对象上的灭点】选项，图形的灭点是锁定到图形上的。当对图形进行移动时，灭点和立体效果将会随图形的移动而移动；选择【锁到页上的灭点】选项，图形的灭点将被锁定到页面上。当对图形进行移动时，灭点的位置将保持不变；选择【复制灭点，自…】选项，鼠标光标将变为 ↖ 形状，此时将鼠标光标移动到绘图窗口中的另一个立体化图形上单击，可以将该立体化图形的灭点复制到选择的立体化图形上；选择【共享灭点】选项，鼠标光标将变为 ↖ 形状，此时将鼠标光标移动到绘图窗口中的另一个立体化图形上单击，可以使该立体化图形与选择的立体化图形共同使用一个灭点。

- 【VP 对象/VP 页面】按钮 ：不激活此按钮时，可以将灭点以立体化图形为参考，此时【灭点坐标】中的数值是相对于图形中心的距离。激活此按钮，可以将灭点以页面为参考，此时【灭点坐标】中的数值是相对于页面坐标原点的距离。

- 【立体的方向】按钮 ：单击此按钮，将弹出如图 8-168 所示的选项面板。将鼠标光标移动到面板中，当鼠标光标变为 形状时按下鼠标左键拖曳，旋转此面板中的数字按钮，可以调节立体图形的视图角度。

  按钮：单击该按钮，可以将旋转后立体图形的视图角度恢复为未旋转时的形态。

  按钮：单击该按钮，【立体的方向】面板将变为【旋转值】选项面板，通过设置【旋转值】面板中的【X】、【Y】和【Z】的参数，也可以调整立体化图形的视图角度。

要点提示 在选择的立体化图形上再次单击，将出现如图 8-169 所示的旋转框，在旋转框内按下鼠标左键并拖曳，也可以旋转立体图形。

- 【颜色】按钮 ：单击此按钮，将弹出如图 8-170 所示的【颜色】选项面板。

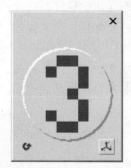

图8-168 【立体的方向】选项面板

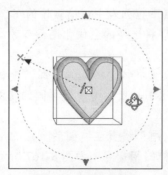

图8-169 出现的旋转框

图8-170 【颜色】选项面板

【使用对象填充】按钮 ：激活该按钮可使当前选择图形的填充色应用到整个立体化图形上。

【使用纯色】按钮：激活该按钮，可以通过单击 ▬▬▼ 按钮，再在弹出的【颜色】面板中设置任意的单色填充立体化面。

【使用递减的颜色】按钮：激活该按钮，可以沿着立体化面的长度渐变填充设置的【从】 ▬▬▼ 颜色和【到】 ▬▬▼ 颜色。

分别激活以上 3 种按钮时，设置立体化颜色后的效果如图 8-171 所示。

图8-171　使用不同的颜色按钮时图形的立体化效果

- 【斜角修饰边】按钮：单击此按钮，将弹出如图 8-172 所示的【斜角修饰边】选项面板。利用此面板可以将立体变形后的图形边缘制作成斜角效果，使其具有更光滑的外观。勾选【使用斜角修饰边】复选项后，此对话框中的选项才可以使用。

  【只显示斜角修饰边】：勾选此复选项，将只显示立体化图形的斜角修饰边，不显示立体化效果。

  【斜角修饰边深度】 ⇄ 2.0 mm ▼▲ ：用于设置图形边缘的斜角深度。

  【斜角修饰边角度】 45.0 ▼▲ ：用于设置图形边缘与斜角相切的角度。数值越大，生成的倾斜角就越大。

- 【照明】按钮：单击此按钮，将弹出如图 8-173 所示的【照明】选项面板。在此面板中，可以为立体化图形添加光照效果和交互式阴影，从而使立体化图形产生的立体效果更强。

图8-172　【斜角修饰边】选项面板

图8-173　【照明】选项面板

单击面板中的 按钮、 按钮或 按钮，可以在当前选择的立体化图形中应用 1 个、两个或 3 个光源。再次单击光源按钮，可以将其去除。另外，在预览窗口中拖曳光源按钮可以移动其位置。

拖曳【强度】选项下方的滑块，可以调整光源的强度。向左拖曳滑块，可以使光源的强度减弱，使立体化图形变暗；向右拖曳滑块，可以增加光源的光照强度，使立体化图形变亮。注意，每个光源是单独调整的，在调整之前应先在预览窗口中选择好光源。

勾选【使用全色范围】复选项，可以使交互式阴影看起来更加逼真。

8.6.2 设计店庆海报

下面灵活运用【交互式立体化】工具 来设计商场的店庆海报。

【步骤解析】

1. 新建一个图形文件。

2. 选择 工具，在绘图窗口中输入如图 8-174 所示的黑色文字。

3. 依次选择文字，并分别修改其字号大小和字体，设置字号及字体后的文字效果如图 8-175 所示。

图8-174　输入的文字　　　　　　　　　　　　　　　图8-175　设置字号及字体后的文字效果

4. 利用 工具为文字自上向下填充由白色到黄色（Y:100）的线性渐变色，效果如图 8-176 所示。

5. 利用 工具和 工具，在文字的左侧位置依次绘制出如图 8-177 所示的翅膀图形。

图8-176　填充渐变色后的文字效果　　　　　　　　　　图8-177　绘制的图形

6. 执行【编辑】/【复制属性自】命令，在弹出的【复制属性】对话框中勾选【轮廓笔】和【填充】复选项。

7. 单击 确定 按钮，然后将鼠标光标移动到如图 8-178 所示的位置单击，将被单击文字的填充属性复制到绘制的翅膀图形中，效果如图 8-179 所示。

图8-178　鼠标光标单击的位置　　　　　　　　　　图8-179　复制属性后的图形效果

8. 将翅膀图形水平向右镜像复制，然后将复制出的图形移动至如图 8-180 所示的位置。

图8-180 图形放置的位置

9. 将翅膀图形和文字同时选择，然后单击属性栏中的▓按钮，将选择的图形群组。

10. 选择▓工具，将鼠标光标移动到文字上按下鼠标左键并向右下方拖曳，为其添加交互式立体化效果，状态如图 8-181 所示。释放鼠标左键后生成的立体效果如图 8-182 所示。

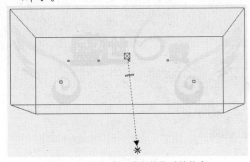

图8-181 添加交互式立体化时的状态

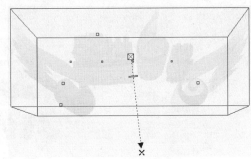

图8-182 添加的立体效果

11. 单击属性栏中的▓按钮，弹出【颜色】设置面板，设置颜色参数，如图 8-183 所示。设置立体化颜色后的文字效果如图 8-184 所示。

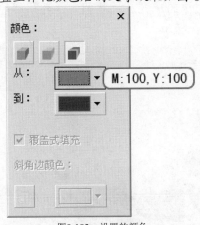

图8-183 设置的颜色

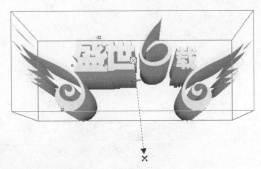

图8-184 调整后的立体文字效果

12. 单击【颜色】设置面板右上角的☒按钮将其关闭，然后按空格键，将当前使用的工具切换为▓工具，再按键盘数字区中的╋键，将添加立体化效果的图形在原位置复制。

13. 单击属性栏中的▓按钮，将复制出图形的立体化效果取消，然后选择▓工具，弹出【轮廓笔】对话框，设置各选项及参数，如图 8-185 所示。

14. 单击 确定 按钮，设置轮廓属性后的文字效果如图 8-186 所示。

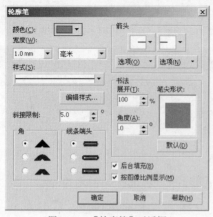

图8-185 【轮廓笔】对话框

图8-186 设置轮廓属性后的文字效果

15. 利用 字 工具输入如图 8-187 所示的黑色文字。

图8-187 输入的文字

16. 执行【编辑】/【复制属性自】命令,在弹出的【复制属性】对话框中勾选【填充】复选项,然后单击 确定 按钮。

17. 将鼠标光标移动到"盛"字上单击,将被单击文字的填充属性复制到"再创辉煌"文字中。

18. 选择 工具,激活属性栏中的 按钮,然后分别调整 4 个角上的控制点,将文字调整成如图 8-188 所示的形态。

图8-188 调整后的文字形态

19. 执行【效果】/【复制效果】/【立体化自】命令,然后将鼠标光标移动到如图 8-189 所示的位置单击,将添加的立体效果复制到选择的文字上,效果如图 8-190 所示。

图8-189　鼠标光标放置的位置

图8-190　复制立体属性后的效果

20. 选择 工具，然后将鼠标光标放置到显示的 ✕ 图标上，当鼠标光标显示为十字光标时按下鼠标左键并向左上方拖曳，调整文字的立体化效果如图 8-191 所示。

图8-191　调整后的立体化效果

21. 用与步骤 12～14 相同的方法，为文字添加红色的外边框，效果如图 8-192 所示。

图8-192　添加的交互式立体化效果

22. 按 Ctrl+I 键，将附盘中 "图库\第 08 章" 目录下名为 "底纹.jpg" 的图片导入，再按 Shift+PageDown 键，将其调整至所有图形的后面，然后将其调整至合适的大小后放置到如图 8-193 所示的位置。

图8-193　图片放置的位置

23. 按 Ctrl+S 键，将此文件命名为"店庆海报.cdr"保存。

8.7　拓展案例

通过本章的学习，读者自己动手设计出下面的儿童用品商店开业海报及美容馆宣传海报。

8.7.1　设计商店开业海报

灵活运用本章中讲解的效果工具及各海报案例的设计方法，设计出如图 8-194 所示的开业海报。

【步骤解析】

1. 新建文件后，导入附盘中"图库\第 08 章"目录下名为"儿童及礼品.cdr"的图片，然后在其周围绘制各种不同颜色的装饰小图形。

2. 利用 字 工具在画面的左上角输入文字，然后利用 ○ 工具，在文字上方位置依次绘制出如图 8-195 所示的红色（M:100,Y:100）、无外轮廓圆形。

图8-194　设计的商店开业海报

图8-195　绘制出的圆形

3. 利用 ⬚ 工具将两个圆形进行调和，并将属性栏中 ⬚6　▾ 的参数设置为"6"。

4. 利用 ⬚ 工具和 ⬚ 工具，在调和后的图形位置绘制出如图 8-196 所示的曲线路径。

5. 选择调和图形，然后单击属性栏中的 ⬚ 按钮，在弹出的下拉列表中选择【新路径】选项，然后将鼠标光标移动到曲线路径上单击，创建沿路径调和的图形效果，如图 8-197 所示。

图8-196　绘制的曲线路径

图8-197　沿路径调和后的效果

6. 单击属性栏中的 ⬚ 按钮，在弹出的【对象和颜色加速】选项面板中稍微向右拖曳【对象】选项的滑块，如图 8-198 所示，调整对象及颜色加速后的图形效果如图 8-199 所示。

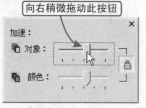
图8-198　【对象和颜色加速】选项面板

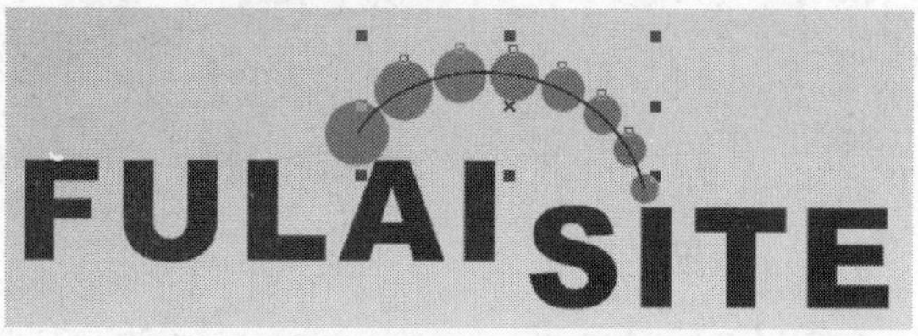

图8-199　调整后的图形效果

7. 按 Ctrl+K 键，将跟随路径后的图形与曲线路径分离，然后将曲线路径选择，按 Delete 键删除。

8. 继续利用 字 工具输入如图 8-200 所示的黑色文字，然后为其添加黄色的外轮廓，如图 8-201 所示。

图8-200　输入的黑色文字

图8-201　添加的黄色外轮廓

9. 选择 ⬚ 工具，并分别设置属性栏中的按钮及参数，如图 8-202 所示。

图8-202　⬚ 工具的属性栏

添加轮廓图后的文字效果如图 8-203 所示。

10. 将文字在原位置复制，去除外轮廓后为其填充如图 8-204 所示的渐变色。

图8-203　添加轮廓图后的效果

图8-204　制作的轮廓图文字

11. 利用 工具依次绘制深褐色（M:100,Y:100,K:40）的无外轮廓图形，然后利用 字 工具输入如图 8-205 所示的黑色文字。

12. 选择 工具，将虚线框中如图 8-206 所示的控制点选择，按 Delete 键删除，然后框选文字，并单击属性栏中的 按钮，将其转换为线段性质的封套。

图8-205　输入的文字

图8-206　选择的控制点

13. 依次对虚线框中间的控制点进行调整，对文字进行透视变形调整，变形后的文字效果如图 8-207 所示。

图8-207　绘制出的虚线框

14. 将透视变形后的文字在原位置复制，然后将复制出文字的颜色修改为洋红色（M:100），并稍微向上移动位置。

15. 最后利用 字 工具输入右下角的文字，即可完成开业海报的设计。

8.7.2　设计美容馆海报

灵活运用各种效果工具来设计如图 8-208 所示的美容馆宣传海报。

图8-208　设计的美容馆宣传海报

【步骤解析】

1. 新建文件后绘制矩形并为其填充射线渐变色。
2. 依次在画面的上方位置绘制白色无外轮廓图形，然后分别为其添加标准的交互式透明效果。
3. 输入白色文字，并为其添加紫色的外轮廓，然后添加如图 8-209 所示的交互式阴影效果。

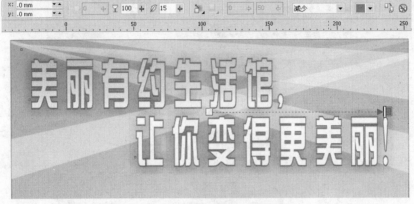

图8-209　为添加添加的交互式阴影效果

4. 在画面的中心位置绘制图形，然后在其上下方依次绘制出如图 8-210 所示的无外轮廓矩形，利用 工具将两个矩形调和，并将其 30 的参数设置为 "30"，效果如图 8-211 所示。

图8-210　绘制的图形

图8-211　调和后的效果

5. 将调和图形选择，执行【效果】/【图框精确剪裁】/【放置在容器中】命令，然后将鼠标光标移动到如图 8-212 所示的位置单击，即可将调和图形置于其下方的图形中，如图 8-213 所示。

图8-212　鼠标光标放置的位置

图8-213　置于容器后的效果

6. 依次绘制圆形并添加交互式透明效果，然后输入文字旋转角度后添加交互式阴影效果。
7. 在画面的下方依次绘制图形，然后选择圆角矩形，并为其添加如图 8-214 所示的交互式阴影效果。

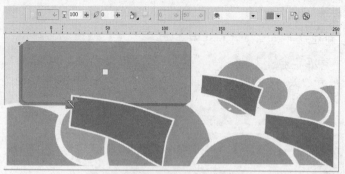

图8-214　添加的交互式阴影效果

8. 依次输入文字，并利用  工具对"我要参加"文字进行变形处理，效果如图 8-215 所示。

图8-215　变形后的文字效果

9. 用与第 8.3.2 节绘制花形相同的方法，在画面中添加花形，然后将附盘中"图库\第 08 章"目录下名为"节日素材.cdr"的文件导入，分别调整图像大小及位置，即可完成美容馆宣传海报的设计。

8.8　小结

本章主要讲述了各种交互式效果工具的应用，包括各工具的使用方法、属性设置及在实例中的实际运用。通过本章的学习，希望读者对交互式效果工具能够熟练掌握，并能独立完成课后实例的制作。希望读者充分发挥自己的想象力，运用这些工具绘制出更有创意的作品来。

第9章 常用菜单命令——包装设计

本章主要讲解 CorelDRAW X4 中的一些常用菜单命令的应用，主要包括撤销、复制与删除、图形的变换、透镜设置、添加透视点及图框精确剪裁等操作。熟练掌握这些命令对图形绘制及作品设计来说是必不可少的。

【学习目标】

- 掌握撤销、恢复、复制图形及删除对象的方法。
- 掌握各种变换操作。
- 熟悉【透镜】命令的运用。
- 掌握制作透视效果的方法。
- 掌握【图框精确剪裁】命令的运用。
- 掌握各种包装的设计方法。
- 掌握包装立体效果的制作。

9.1 撤销、复制与删除

撤销、复制与删除是常用的编辑菜单命令，下面来具体讲解。

9.1.1 撤销和恢复操作

撤销和恢复操作主要是对绘制图形过程中出现的错误操作进行撤销，或将多次撤销的操作再进行恢复的命令。

一、【撤销】命令

当在绘图窗口中进行了第一步操作后，【编辑】菜单中的【撤销】命令即可使用。例如，利用【矩形】工具绘制了一个矩形，但绘制后又不想要矩形了，而想绘制一个椭圆形，这时，就可以执行【编辑】/【撤销】命令（或按 Ctrl+Z 组合键），将前面的操作撤销，然后再绘制椭圆形。

二、【重做】命令

当执行了【撤销】命令后，【重做】命令就变为可用的了，执行【编辑】/【重做】命令（或按 Ctrl+Shift+Z 组合键），即可将刚才撤销的操作恢复出来。

【撤销】命令的撤销步数可以根据需要自行设置，具体方法为：执行【工具】/【选项】命令（或按 Ctrl+J 组合键），弹出【选项】对话框，在左侧的区域中选择【工作区】/【常规】选项，此时其右侧的参数设置区中将显示为如图 9-1 所示的形态。在右侧参数设置区中的【普通】文本框中输入相应的数值，即可设置撤销操作相应的步数。

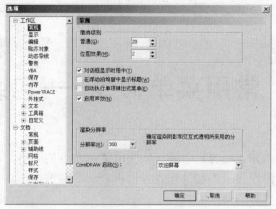

图9-1　【选项】对话框

9.1.2　复制图形

复制图形的命令主要包括【剪切】、【复制】和【粘贴】命令。在实际工作过程中这些命令一般要配合使用。其操作过程为：首先选择要复制的图形，再通过执行【剪切】或【复制】命令将图形暂时保存到剪贴板中，然后再通过执行【粘贴】命令，将剪贴板中的图形粘贴到指定的位置。

 剪贴板是剪切或复制图形后计算机内虚拟的临时存储区域，每次剪切或复制都是将选择的对象转移到剪贴板中，此对象将会覆盖剪贴板中原有的内容，即剪贴板中只能保存最后一次剪切或复制的内容。

- 执行【编辑】/【剪切】命令（或按 Ctrl+X 组合键），可以将当前选择的图形剪切到系统的剪贴板中，绘图窗口中的原图形将被删除。
- 执行【编辑】/【复制】命令（或按 Ctrl+C 组合键），可以将当前选择的图形复制到系统的剪贴板中，此时原图形仍保持原来的状态。
- 执行【编辑】/【粘贴】命令（或按 Ctrl+V 组合键），可以将剪切或复制到剪贴板中的内容粘贴到当前的图形文件中。多次执行此命令，可将剪贴板中的内容进行多次粘贴。

【剪切】命令和【复制】命令的功能相同，只是复制图像的方法不同。【剪切】命令是将选择的图形在绘图窗口中剪掉后复制到剪贴板中，当前图形在绘图窗口中消失；而【复制】命令是在当前图形仍保持原来状态的情况下，将选择的图形复制到剪贴板中。

9.1.3　删除对象

在实际工作过程中，经常会将不需要的图形或文字清除，在 CorelDRAW 中删除图形或文字的方法主要有以下两种。

（1）利用 工具选择需要删除的图形或文字，然后执行【编辑】/【删除】命令（或按 Delete 键），即可将选择的图形或文字清除。

（2）在需要删除的图形或文字上单击鼠标右键，在弹出的右键菜单中选择【删除】命令，也可将选择的图形或文字删除。

9.2　变换命令

前面对图形进行移动、旋转、缩放和倾斜等操作时，一般都是通过拖曳鼠标光标来实现，但这种方法不能准确地控制图形的位置、大小及角度，调整出的结果不够精确。使用菜单栏中的【排列】/【变换】命令则可以精确地对图形进行上述操作。

9.2.1　变换图形

下面来详细讲解利用【排列】/【变换】命令对图形进行变换的各种操作。

一、　变换图形的位置

利用【排列】/【变换】/【位置】命令，可以将图形相对于页面可打印区域的原点（0,0）位置移动，还可以相对于图形的当前位置来移动。（0,0）坐标的默认位置是绘图页面的左下角。图形位置变换的具体操作如下。

1.　将需要进行位置变换的图形选择。
2.　执行【排列】/【变换】/【位置】命令（或按 Alt+F7 组合键），将弹出如图 9-2 所示的【变换】泊坞窗。

图9-2　【变换】泊坞窗（1）

3.　设置好相应的参数及选项后，单击 [　　应用　　] 按钮，即可将选择的图形移动至设置的位置。当单击 [应用到再制] 按钮时，可以将其先复制再移动至设置的位置。

> **要点提示**　如未勾选【相对位置】复选项，【位置】栏下的文本框中将显示选择图形的中心点位置。

二、　旋转图形

利用【排列】/【变换】/【旋转】命令，可以精确地旋转图形的角度。在默认状态下，图形是围绕中心来旋转的，但也可以将其设置为围绕特定的坐标或围绕图形的相关点来进行旋转。旋转图形的具体操作如下。

1.　将需要进行旋转变换的图形选择。

2. 执行【排列】/【变换】/【旋转】命令（或按 $\boxed{Alt}$+$\boxed{F8}$ 组合键），弹出如图 9-3 所示的【变换】泊坞窗。

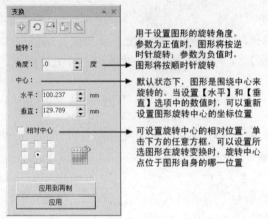

图9-3 【变换】泊坞窗（2）

3. 设置好相应的参数及选项后，单击 应用 或 应用到再制 按钮，即可将选择的图形旋转或旋转复制。

三、 缩放和镜像图形

利用【排列】/【变换】/【比例】命令，可以对选择的图形进行缩放或镜像操作。图形的缩放可以按照设置的比例值来改变大小；图形的镜像可以是水平、垂直或同时在两个方向上来颠倒其外观。缩放和镜像图形的具体操作如下。

1. 将需要进行缩放或镜像变换的图形选择。

2. 执行【排列】/【变换】/【比例】命令（或按 $\boxed{Alt}$+$\boxed{F9}$ 组合键），弹出如图 9-4 所示的【变换】泊坞窗。

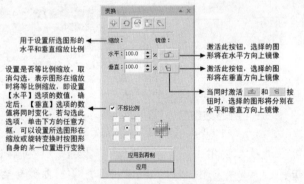

图9-4 【变换】泊坞窗（3）

3. 设置好相应的参数及选项后，单击 应用 或 应用到再制 按钮即可将选择的图形缩放或缩放复制、镜像或镜像复制。

四、 调整图形的大小

菜单栏中的【排列】/【变换】/【大小】命令相当于【排列】/【变换】/【比例】命令，这两种命令都能调整图形的大小。但【比例】命令是利用百分比来调整图形大小的，而【大小】命令是利用特定的度量值来改变图形大小的。调整图形大小的具体操作如下。

1. 将需要进行大小变换的图形选择。

2. 执行【排列】/【变换】/【大小】命令（或按 Alt+F10 组合键），弹出如图 9-5 所示的【变换】泊坞窗。

3. 设置好相应的参数及选项后，单击 _____应用_____ 或 _____应用到再制_____ 按钮，即可将选择的图形按指定的大小缩放或缩放复制。

 在【水平】和【垂直】文本框中输入数值，可以设置所选图形缩放后的宽度和高度。

五、 倾斜图形

利用【排列】/【变换】/【倾斜】命令，可以把选择的图形按照设置的度数倾斜。倾斜图形后可以使其产生景深感和速度感。图形倾斜变换的具体操作如下。

1. 将需要进行倾斜变换的图形选择。

2. 执行【排列】/【变换】/【倾斜】命令，弹出如图 9-6 所示的【变换】泊坞窗。

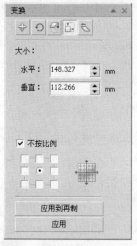

图9-5　【变换】泊坞窗（4）

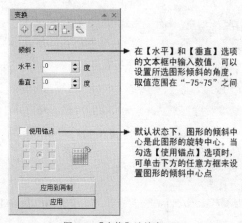

图9-6　【变换】泊坞窗（5）

3. 设置好相应的参数及选项后，单击 _____应用_____ 或 _____应用到再制_____ 按钮，即可将选择的图形按指定的角度倾斜或倾斜复制。

 在【变换】泊坞窗中，分别单击上方的⊕、↻、◱、或↘按钮，可以切换至各自的对话框中。另外，当为选择的图形应用了除【位置】变换外的其他变换后，执行【排列】/【清除变换】命令，可以清除图形应用的所有变形，使其恢复为原来的外观。

9.2.2　设计包装纸效果

下面灵活运用【变换】命令来设计包装纸效果。

【步骤解析】

1. 新建一个图形文件。

2. 利用 ▢ 工具绘制矩形，并将属性栏中 ▦ 的参数均设置为 "100"，然后为其填充浅蓝色（C:35,M:0,Y:10,K:0），并将外轮廓设置为蓝色，效果如图 9-7 所示。

3. 按 Alt+F8 键，在调出的【变换】泊坞窗中激活 ↻ 按钮，并设置其下的参数，如图 9-8 所示。

4. 单击 `应用到再制` 按钮，以设置的旋转中心及角度旋转复制图形，效果如图 9-9 所示。

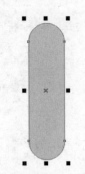

图9-7　绘制的圆角矩形

图9-8　【变换】泊坞窗（6）

图9-9　复制出的图形

5. 依次单击 `应用到再制` 按钮，重复复制出如图 9-10 所示的图形。
6. 双击 工具，将绘制出的图形全部选择，然后单击属性栏中的 按钮将图形群组。
7. 单击【变换】泊坞窗中的 按钮，然后设置其下的参数，如图 9-11 所示。
8. 单击 `应用到再制` 按钮将图形缩小复制，效果如图 9-12 所示。

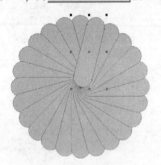

图9-10　依次复制出的图形

图9-11　【变换】泊坞窗（7）

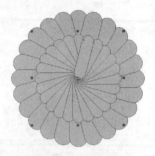

图9-12　缩小复制出的图形

9. 将复制出的图形的填充色修改为白色，然后在【变换】泊坞窗中将 水平：70.0 的参数设置为 "70"，单击 `应用到再制` 按钮，将白色图形再次缩小复制。
10. 将缩小复制出的图形的填充色修改为蓝色（C:65,M:10,Y:7），效果如图 9-13 所示。
11. 选择 工具，按住 `Ctrl` 键绘制填充色为红色、轮廓色为蓝色的圆形。然后双击 工具，将所有图形同时选择，并单击属性栏中的 按钮，在弹出的【对齐与分布】对话框中设置各选项，如图 9-14 所示。

图9-13　复制并修改颜色后的效果

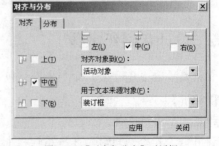

图9-14　【对齐与分布】对话框

12. 依次单击 `应用` 和 `关闭` 按钮，将绘制的圆形与下方的群组图形以中心对齐，效果如图 9-15 所示。

13. 利用![]工具和![]工具，在红色圆形上绘制出如图 9-16 所示的蓝色图形，作为"眉毛和眼睛"图形。

图9-15　绘制并对齐后的圆形

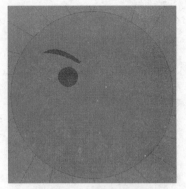

图9-16　绘制出的图形

14. 将绘制出的"眉毛和眼睛"图形选择，然后在【变换】泊坞窗中激活![]按钮，并设置如图 9-17 所示的参数。

15. 单击　应用到再制　按钮将图形镜像复制，效果如图 9-18 所示。

图9-17　【变换】泊坞窗（8）

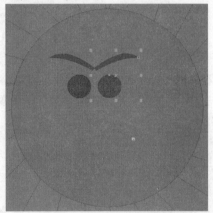

图9-18　镜像复制出的图形

16. 利用![]工具，将复制出的图形向右移动到如图 9-19 所示的位置，然后灵活运用![]工具及【变换】泊坞窗，绘制并复制出如图 9-20 所示的圆形。

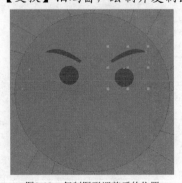

图9-19　复制图形调整后的位置

图9-20　绘制的圆形

17. 利用![]工具和![]工具，绘制并调整出如图 9-21 所示的白色图形，其轮廓线颜色为蓝色。

18. 至此，单个图案绘制完成，双击 ⬚ 工具将其全部选择后按 [Ctrl]+[G] 键群组，整体效果如图 9-22 所示。

图9-21 绘制出的图形

图9-22 绘制出的图案

用与以上相同的绘制图形方法，依次绘制出如图 9-23 所示的图案。

图9-23 绘制出的花形图案

19. 利用 ⬚ 工具绘制矩形，然后为其填充黄色（C:4,M:4,Y:46），并去除外轮廓，再按 [Shift]+[PageDown] 键将其调整至所有图形的下方。

20. 将最后一组花形图案选择，然后将其调整至合适的大小后移动到如图 9-24 所示的位置。

21. 用移动复制图形的方法，依次复制花形图形，效果如图 9-25 所示。

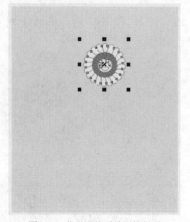

图9-24 花形调整后放置的位置

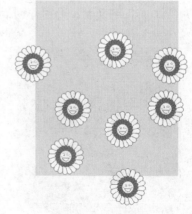

图9-25 复制出的花形

22. 用与步骤 20～21 相同的方法，依次将其他花形图案调整大小并移动复制，复制效果如图 9-26 所示。

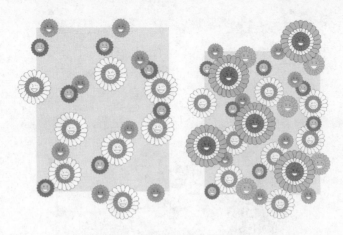

图9-26　复制图形时的过程及效果

23. 选择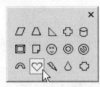工具，并单击属性栏中的 按钮，在弹出的下拉菜单中选择如图 9-27 所示的心形图形，然后在画面中绘制心形，并为其填充红色。

24. 利用 工具及移动复制和缩小图形的方法，在心形图形上绘制出如图 9-28 所示的白色无外轮廓圆形。

图9-27　选择的心形图形

图9-28　绘制的圆形

25. 将心形及圆形同时选择并按 Ctrl+G 键群组，然后依次移动复制，效果如图 9-29 所示。至此，花形图形复制完成，下面利用【效果】/【图框精确剪裁】/【放置在容器中】命令，将其置于下方的矩形中。

26. 双击 工具将图形全部选择，然后按住 Shift 键单击下方的矩形，取消其选择，即将除矩形外的所有图形全部选择。

27. 执行【效果】/【图框精确剪裁】/【放置在容器中】命令，此时鼠标光标将显示为黑色箭头，将鼠标光标移动到如图 9-30 所示的位置单击，即可将选择的图形置于矩形中。

图9-29　心形放置的位置

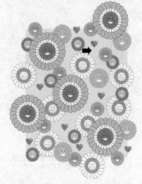

图9-30　鼠标光标放置的位置

28. 选择图形置于矩形中的效果如图 9-31 所示。

图9-31　完成后的效果

29. 按 Ctrl + S 键，将此文件命名为"包装纸.cdr"保存。

9.3 【透镜】命令

　　利用【透镜】命令可以改变位于透镜下面的图形或图像的显示方式，而不会改变其原有的属性，下面以实例的形式来介绍该命令的使用方法。

【步骤解析】

1. 将附盘中"图库\第 09 章"目录下名为"放大镜.cdr"的文件打开，如图 9-32 所示。

2. 选择 工具，按住 Ctrl 键单击放大镜中的绿色"镜片"图形将其选中，然后将其移动到画面中的"飘虫"位置，如图 9-33 所示。

图9-32　打开的图片

图9-33　移动图形位置

3. 执行【效果】/【透镜】命令，弹出【透镜】泊坞窗，在 无透镜效果 下拉列表中选择【放大】选项，然后设置其他的选项及参数，如图 9-34 所示。此时画面中出现的放大效果如图 9-35 所示。

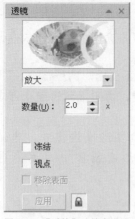

图9-34　【透镜】泊坞窗设置

图9-35　出现的放大效果

4. 勾选【透镜】泊坞窗中的【冻结】复选项，固定透镜中显示的内容，然后将添加透镜效果后的图形移动到放大镜的原位置，完成放大镜效果的制作，如图 9-36 所示。

图9-36　制作完成的放大镜效果

5. 按 $\boxed{\text{Shift}}$+$\boxed{\text{Ctrl}}$+$\boxed{\text{S}}$ 组合键，将此文件命名为 "放大镜效果.cdr" 另存。

在 CorelDRAW X4 中，共提供了 11 种透镜效果。图形应用不同的透镜样式时，产生的特殊效果对比如图 9-37 所示。

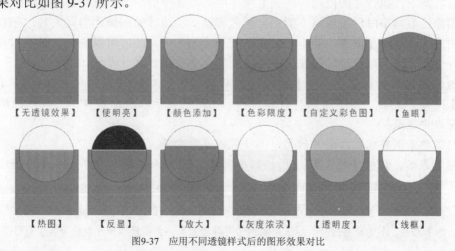

图9-37　应用不同透镜样式后的图形效果对比

【透镜】泊坞窗中选项和按钮的含义分别介绍如下。

- 【冻结】: 可以固定透镜中当前的内容。当再移动透镜图形时，不会改变其显示的内容。
- 【视点】: 可以在不移动透镜的前提下只显示透镜下面图形的一部分。
- 【移除表面】: 透镜只显示它覆盖其他图形的区域，而不显示透镜所覆盖的空白区域。
- 单击 应用 按钮，即可将设置的透镜效果添加到图形或图像中。当激活 按钮时，所设置的透镜效果将直接添加到图形或图像中，无需再单击 应用 按钮。

9.4 【图框精确剪裁】命令

【图框精确剪裁】命令可以将图形或图像放置在指定的容器中，并可以对其进行提取或编辑，容器可以是图形也可以是文字。

9.4.1 【图框精确剪裁】命令应用与编辑

一、 【图框精确剪裁】命令应用

将选择的图形或图像放置在指定容器中的具体操作为：确认绘图窗口中有导入的图像及作为容器的图形存在。然后利用 工具选择图像，执行【效果】/【图框精确剪裁】/【放置在容器中】命令，此时鼠标光标将显示为 图标。将鼠标光标放置在绘制的图形上单击，释放鼠标后，即可将选择的图像放置到指定的图形中。

> 要点提示 在想要放置到容器内的图像上按下鼠标右键并向容器上拖曳，当鼠标光标显示为 ✛ 符号时释放，在弹出的菜单中选择【图框精确剪裁内部】命令，也可将图像放置到指定的容器内。如果容器是文字也可以，只是当鼠标光标显示为 A↙ 符号时释放。

二、 精确剪裁效果的编辑

默认状态下，执行【图框精确剪裁】命令后是将选择的图像放置在容器的中心位置。当选择的图像比容器小时，图像将不能完全覆盖容器；当选择的图像比容器大时，在容器内只能显示图像中心的局部位置，并不能一步达到想要的效果，此时可以进一步对置入容器内的图像进行位置、大小以及旋转等编辑，来达到想要的效果。具体操作如下。

(1) 选择需要编辑的图框精确剪裁图形，然后执行【效果】/【图框精确剪裁】/【编辑内容】命令，此时，图框精确剪裁容器内的图形将显示在绘图窗口中，其他图形将在绘图窗口中隐藏。

(2) 按照需要来调整容器内图片的大小、位置以及方向等。

(3) 调整完成后，执行【效果】/【图框精确剪裁】/【结束编辑】命令，或者单击绘图窗口左下角的 完成编辑对象 按钮，即可应用编辑后的容器效果。

> 要点提示 如果需要将放置到容器中的内容与容器分离，可以执行【效果】/【图框精确剪裁】/【提取内容】命令，就可以将放置入容器中的图像与容器分离，使容器和图片恢复为以前的形态。

三、 锁定与解锁精确剪裁内容

在默认的情况下，执行【图框精确剪裁】命令后，图像内容是自动锁定到容器上的，这样可以保证在移动容器时，图像内容也能同时移动。将鼠标光标移动到精确剪裁图形上单击鼠标右键，在弹出的快捷菜单中选择【锁定图框精确剪裁的内容】命令，即可将精确剪裁内容解锁，再次执行此命令，即可锁定精确剪裁内容。

当精确剪裁的内容是非锁定状态时，如果移动精确剪裁图形，则只能移动容器的位置，而不能移动容器内容的图像位置。利用这种方法可以方便地改变容器相对于图像内容的位置。

9.4.2　设计酒包装

本节来为崂山二锅头酒设计包装。在包装设计过程中首先设计包装的主展面和背面，然后再制作出立体效果图。

一、 设计酒包装的主展面

下面先来设计酒包装的主展面，这也是包装设计的一般过程。

【步骤解析】

1. 新建一个图形文件。
2. 利用 □ 工具绘制矩形，然后将属性栏中 ⊞84.0 mm ⊞170.0 mm 的参数分别设置为 "84mm" 和 "170mm"，16 16 16 16 🔒 的参数均设置为 "16"，这里设置的尺寸就是实际印刷制作时的尺寸，绘制的矩形如图 9-38 所示。
3. 按 Ctrl+I 键，将附盘中 "图库\第 09 章" 目录下名为 "文字与线描图.cdr" 的图片文件导入，如图 9-39 所示。
4. 按 Ctrl+U 键，将导入图片的群组取消，然后在 "线描图" 上按住鼠标右键将其向圆角矩形中拖曳，释放鼠标后，在弹出的快捷菜单中选择【图框精确剪裁内部】命令，将 "线描图" 置入圆角矩形中，如图 9-40 所示。

图9-38　绘制的圆角矩形　　　　　　图9-39　导入的图片　　　　　　图9-40　图片置于圆角矩形中的效果

5. 在圆角矩形上单击鼠标右键，在弹出的快捷菜单中选择【编辑内容】命令，然后将 "线描图" 向下调整至如图 9-41 所示的位置。
6. 单击绘图窗口左下角的 完成编辑对象 按钮，完成图片的编辑，然后按键盘中数字区的 + 键，在图形的原位置复制出一个图形。

此处复制图形，目的是为下面制作包装右侧红色背景上面的透明白色线描画效果作准备。

7. 为复制出的圆角矩形填充红色（C:20,M:100,Y:60），填充后的效果如图 9-42 所示。

图9-41　图片调整后的位置

图9-42　图形填充后的效果

8. 在复制出的圆角矩形上单击鼠标右键，在弹出的快捷菜单中选择【编辑内容】命令，再次进入容器的编辑状态。

　　因为需要制作红色背景上面具有白色透明效果的线描画，所以需要将容器中图形的颜色填充成白色后再进行交互式透明度效果的设置。在进入编辑容器后图形背景只显示轮廓而不显示其填充的红色，在此处的白色背景中，如果再将图形填充白色，将无法显示出用户需要的效果，所以下面在给图形制作透明效果之前先来为其添加一个背景颜色，以此来衬托交互式透明效果的制作。

9. 利用 □ 工具在圆角矩形位置绘制一个矩形，并为其填充蓝色或者其他的颜色，只要能够与白色线形区分开来就可以。

10. 执行【排列】/【顺序】/【到图层后面】命令，将绘制的蓝色图形调整到线描画的下面，效果如图 9-43 所示。

11. 将线描画选择并为其填充白色，然后将其调整到如图 9-44 所示的位置。

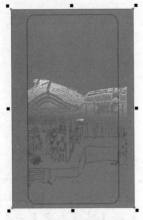

图9-43　绘制的蓝色矩形

图9-44　调整图形在容器中的位置

12. 选择 工具，然后在属性栏中将 标准 设置为"标准"， 70 的参数设置为"70"，线描画添加交互式透明后的效果如图 9-45 所示。

13. 利用 ▣ 工具将作为衬托效果的蓝色矩形选择，按 Delete 键删除，然后单击绘图窗口左下角的 完成编辑对象 按钮，完成图片的编辑，此时的图形效果如图 9-46 所示。

图9-45　图形设置交互式透明效果

图9-46　退出编辑容器后的图形效果

14. 利用 ▣ 工具在圆角矩形的左边位置绘制一个矩形，使其平分圆角矩形，然后按住 Shift 键再单击红色圆角矩形，将其同时选择，如图 9-47 所示。

15. 单击属性栏中的 ▣ 按钮，利用绘制的矩形来修剪圆角矩形，修剪后效果如图 9-48 所示。

图9-47　绘制的矩形

图9-48　修剪后的图形效果

16. 将矩形调整大小后移动到如图 9-49 所示的位置，用来修剪红色图形的下部。

17. 按住 Shift 键，再单击红色图形将其同时选择，然后单击属性栏中的 ▣ 按钮，利用调整后的矩形来修剪红色圆角矩形，修剪后的效果如图 9-50 所示。

图9-49　调整后的图形

图9-50　修剪后的图形效果

至此，就完成了酒包装主展面中的图形绘制。下面来绘制标志图形，并在画面中添加相应的标题和宣传文字。

18. 利用 工具绘制红色（C:20,M:100,Y:60）的圆形，然后利用 工具在圆形上绘制出如图 9-51 所示的白色三角形。

19. 选择 工具，在弹出的【轮廓笔】对话框中设置各选项及参数，如图 9-52 所示，然后单击 确定 按钮。

20. 用移动复制图形的方法，将三角形图形分别向左下和向右移动并复制，然后利用 工具在其下方绘制出如图 9-53 所示的白色无轮廓矩形。

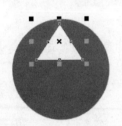

图9-51　绘制的三角形图形

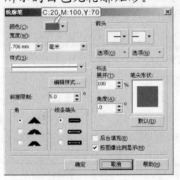

图9-52　【轮廓笔】对话框

图9-53　绘制的矩形

21. 利用 字 工具，在圆形中和右下方位置分别输入如图 9-54 所示的白色文字和黑色字母。然后利用 工具在字母周围绘制出如图 9-55 所示的圆形。

22. 将前面导入的"崂山"文字调整至合适的大小后移动到如图 9-56 所示的位置，将其全部选择后按 Ctrl+G 键群组。

图9-54　输入的文字和字母

图9-55　绘制的圆形

图9-56　文字放置的位置

23. 将群组后的标志移动到如图 9-57 所示的位置，然后利用 工具在标志下方绘制出如图 9-58 所示的正方形，其填充色为红色（C:20,M:100,Y:60），外轮廓为白色。

24. 在属性栏中将 45.0 ° 的参数设置为"45"，旋转后的正方形形态如图 9-59 所示。

图9-57　标志移动后的位置

图9-58　绘制的正方形

图9-59　图形旋转后的形态

25. 选择 □ 工具，为旋转后的图形添加如图 9-60 所示的交互式阴影效果。

26. 用移动复制图形的方法，将图形垂直向下复制两组，然后同时将其选择调整至如图 9-61 所示的位置。

27. 利用 字 工具在画面中依次输入如图 9-62 所示文字。

图9-60　添加的交互式阴影效果

图9-61　图形调整后的位置

汉仪书魂体简

汉仪柏青体繁

图9-62　输入的文字

28. 继续利用 字 工具、图 工具和 ○ 工具，在画面中依次输入文字，并绘制箭头和圆形，如图 9-63 所示。

图9-63　输入的文字及绘制的箭头和圆形

至此，酒包装的主展面就绘制完成了，其整体效果如图 9-64 所示。

二、 设计酒包装的背面

接下来利用酒包装的主展面来设计包装的另一个面。

【步骤解析】

1. 接上例。将主展面中的圆角矩形选择并移动复制，然后在复制的圆角矩形上单击鼠标右键，在弹出的快捷菜单中选择【提取内容】命令。

2. 将"线描图"选择并删除，然后将圆角矩形在原位置复制，并为复制的图形填充红色（C:20,M:100,Y:60）。

3. 用修剪图形的方法，将复制矩形修剪为如图 9-65 所示的形态。

图9-64　绘制的主展面

图9-65　圆角矩形修剪后的形态

4. 将标志图形选择并移动复制，然后按 Ctrl+U 键将复制图形的群组取消，并将其调整至如图 9-66 所示的排列形式。

5. 利用 字 和 工具，在标志图形的下方依次输入文字并绘制线形，效果如图 9-67 所示。

图9-66　标志图形调整后的排列形态

图9-67　输入的文字及绘制的线形

6. 灵活运用 口 工具绘制条形码图形，然后将其群组，再利用 口 工具绘制白色矩形，并利用 字 工具输入文字，如图 9-68 所示。

7. 按 Ctrl+I 键，将附盘中"图库\第 09 章"目录下名为"标识与瓶盖.cdr"的图片导入。

8. 按 Ctrl+U 键将导入图片的群组取消，然后将"标识"图形调整至合适的大小后移动到如图 9-69 所示的位置。

图9-68　绘制的条形码及输入的文字

图9-69　"标识"图片移动的位置

9. 将"瓶盖"图形移动到主展面上方的中间位置，然后向右移动复制至当前面上方的中间位置，完成主展面和背面的绘制，整体效果如图 9-70 所示。

图9-70　绘制的主展面和背面效果

三、　制作酒包装的立体效果

最后来制作酒包装的立体效果。

【步骤解析】

1. 接上例。利用工具和工具依次绘制出如图 9-71 所示的红色图形和白色图形。
2. 利用工具将主展面中除"瓶盖"外的所有图形同时选择，然后将其移动复制，并将复制的图片置于绘制的白色图形中，效果如图 9-72 所示。

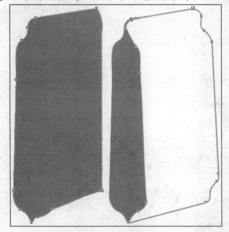

图9-71　绘制的图形

图9-72　置于图形中的画面效果

3. 在白色图形上单击鼠标右键，在弹出的快捷菜单中选择【编辑内容】命令。进入编辑容器窗口后分别将图形进行扭曲或调整图形的位置，使其适合容器图形的透视角度，调整后的形态如图 9-73 所示。

4. 单击绘图窗口左下角的 完成编辑对象 按钮，完成图形的编辑，此时的效果如图 9-74 所示。

5. 利用 🔍 工具和 🔧 工具，依次绘制出如图 9-75 所示的深红色（C:20,M:100,Y:60）无外轮廓图形。

图9-73　各图形调整后的形态　　　　　　　图9-74　图形编辑后的效果　　　　　　　图9-75　绘制的图形

6. 利用 字 工具在画面中输入白色的"崂山二锅头"文字，然后将其旋转至如图 9-76 所示的形态。

7. 用移动复制图形的方法，将输入的文字依次复制，效果如图 9-77 所示。

8. 将"瓶盖"图形选择并复制，然后将其调整至如图 9-78 所示的形态及位置。

图9-76　文字旋转后的形态　　　　　　图9-77　移动复制出的文字　　　　　　图9-78　瓶盖调整后的形态及位置

至此，酒包装就绘制完成了，整体效果如图 9-79 所示。

图9-79　绘制完成的酒包装效果

9. 按 Ctrl+S 键，将当前图像文件命名为"酒包装.cdr"保存。

9.5 【添加透视】命令

利用菜单栏中的【效果】/【添加透视】命令，可以给矢量图形制作各种形式的透视形态。图 9-80 所示为矢量图原图与添加透视变形后的对比效果。

图9-80　图形添加透视变形前后的效果对比

9.5.1 【添加透视】命令的应用

【添加透视】命令的使用方法非常简单，具体操作如下。

1. 将添加透视点的图形选择。

2. 执行【效果】/【添加透视】命令，此时在选择的图形上即会出现红色的虚线网格，且当前使用的工具会自动切换为 工具。

3. 将鼠标光标移动到网格的角控制点上，按住鼠标左键拖曳，即可对图形进行任意角度的透视变形调整。

9.5.2 设计饮料包装

本例来设计饮料的包装，绘制完包装平面图后利用【添加透视】命令来制作饮料包装的立体效果。

一、 设计包装平面图

下面主要利用【矩形】工具、【交互式填充】工具和【文本】工具，并结合【图框精确剪裁】命令来设计包装平面图。

【步骤解析】

1. 新建一个图形文件。

2. 利用 ▢ 工具绘制一个矩形，然后利用 ◢ 工具为其由上至下填充从橘红色（M:60,Y:90）到白色的线性渐变色，效果如图 9-81 所示。

3. 按 Ctrl+I 键，将附盘中"图库\第 09 章"目录下名为"橙子.cdr"的图形文件导入，然后利用【效果】/【图框精确剪裁】/【放置在容器中】命令将其置于矩形中。

4. 在矩形上单击鼠标右键，在弹出的菜单中选择【编辑内容】命令，进入内容编辑模式，再将橙子图形调整至如图 9-82 所示的大小及位置，然后单击绘图窗口左下角的 完成编辑对象 按钮，完成内容的编辑。

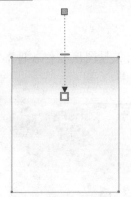

图9-81　填充渐变色后的图形效果

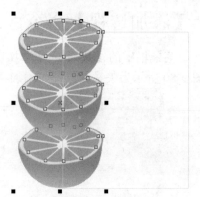

图9-82　图形调整后的大小及位置

5. 将矩形向左水平镜像复制，效果如图 9-83 所示，然后将右侧的矩形向上镜像缩小复制，其状态如图 9-84 所示。

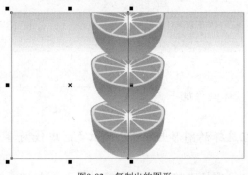

图9-83　复制出的图形

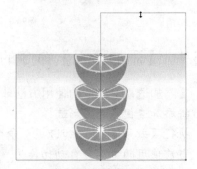

图9-84　缩小复制图形时的状态

镜像缩小复制出的图形如图 9-85 所示。

6. 在右下角的矩形上单击鼠标右键，在弹出的菜单中选择【编辑内容】命令，进入内容编辑模式，然后将橙子图形选择，并按 Ctrl+C 键将其复制。

7. 单击绘图窗口左下角的 完成编辑对象 按钮，完成内容的编辑，然后在右上角的矩形上单击鼠标右键，在弹出的快捷菜单中选择【编辑内容】命令，进入内容编辑模式，然后将橙子图形选择，并按 Delete 键将其删除。

8. 按 Ctrl+V 键，将复制至剪贴板中的橙子图形粘贴至当前绘图窗口中，效果如图 9-86 所示，然后单击绘图窗口左下角的 完成编辑对象 按钮，完成内容的编辑。

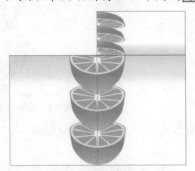

图9-85 复制的图形

图9-86 粘贴入的图形

9. 执行【编辑】/【复制属性自】命令，在弹出的【复制属性】对话框中勾选【填充】复选项，然后单击 确定 按钮。

10. 将鼠标光标移动到左侧的矩形上单击，将所单击图形的填充属性复制到右上角的矩形中，效果如图 9-87 所示。

11. 选择 工具，对右上角矩形的交互式填充效果进行调整，调整后的填充效果如图 9-88 所示。

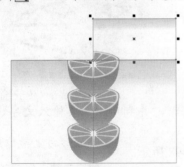

图9-87 复制填充属性后的图形效果

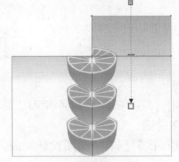

图9-88 调整后的填充效果

12. 利用 工具，在右上角矩形中绘制出如图 9-89 所示的红色（M:100,Y:100）无外轮廓椭圆形，然后利用 字 工具输入如图 9-90 所示的白色文字。

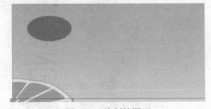

图9-89 绘制的图形

图9-90 输入的文字

13. 利用 工具和 字 工具，依次绘制并输入如图 9-91 所示的矩形和白色文字。

14. 继续利用 字 工具输入如图 9-92 所示的垂直排列的黑色英文字母。

15. 将椭圆形和"夏爽"文字移动复制，并将复制出的图形及文字移动至左侧矩形的上方位置，然后利用 ▢ 工具绘制出如图 9-93 所示的圆角矩形。

图9-91 绘制的图形及输入的文字

图9-92 输入的英文字母

图9-93 复制及绘制的图形

16. 利用 字 工具在圆角矩形中输入如图 9-94 所示的黑色文字，然后灵活运用 ▢ 工具，绘制出如图 9-95 所示的黑色条形码图形。

17. 利用 ▢ 工具，在右上角矩形的上方位置绘制一个白色矩形，然后将属性栏中 ▦ 的参数分别设置为"70"和"0"，设置边角圆滑度后的图形效果如图 9-96 所示。

图9-94 输入的文字

图9-95 绘制的条形码图形

图9-96 设置边角圆滑度后的图形效果

18. 利用 ▦ 工具在白色圆角矩形上依次绘制出箭头图形，并利用 字 工具输入文字，如图 9-97 所示。

至此，饮料包装平面图设计完成，整体效果如图 9-98 所示。

图9-97 绘制的图形及输入的文字

图9-98 设计完成的包装平面图

二、 设计包装立体效果图

下面主要利用菜单栏中的【效果】/【添加透视】命令来设计包装盒的立体效果图。

【步骤解析】

1. 接上例。将如图 9-99 所示的英文字母选择，然后按 Ctrl+K 键将其拆分为单独的文字。

2. 利用 工具将包装盒的正面图形框选，其状态如图 9-100 所示，然后单击属性栏中的 按钮，将其群组。

3. 用与步骤 2 相同的方法，依次将包装盒的侧面和顶面等图形选择后群组，然后利用 工具绘制一黑色矩形，作为辅助图形。

4. 将正面图形移动复制，并将复制出的图形移动到黑色矩形上，如图 9-101 所示。

图9-99 选择的文字

图9-100 选择图形时的状态

图9-101 复制出的图形

5. 执行【效果】/【添加透视】命令，此时在选择的包装盒正面图形上将显示红色虚线框，然后在虚线框右上角的控制点上按住鼠标左键并向左上方拖曳，对其进行透视调整，状态如图 9-102 所示。

6. 用与步骤 5 相同的方法，对正面图形进行透视调整，调整后的图形效果如图 9-103 所示。

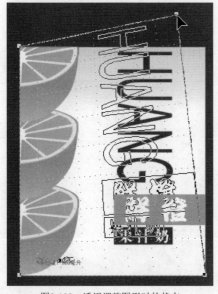

图9-102 透视调整图形时的状态

图9-103 透视变形后的图形形态

7. 将包装盒的侧面图形移动复制，并将复制出的图形移动至如图 9-104 所示的位置，然后利用【效果】/【添加透视】命令对其进行透视变形，效果如图 9-105 所示。

图9-104 图形放置的位置

图9-105 透视变形后的图形形态

8. 按空格键，将当前工具切换为 工具，然后单击属性栏中的 按钮，将透视调整后的侧面图形的群组取消。

9. 在取消群组的矩形上单击鼠标右键，在弹出的菜单中选择【编辑内容】命令，进入内容编辑模式，然后将橙子图形在水平方向上对称缩小至如图 9-106 所示的形态。

10. 单击绘图窗口左下角的 完成编辑对象 按钮，完成内容的编辑，效果如图 9-107 所示。

图9-106 调整后的图形形态

图9-107 编辑内容后的图形效果

11. 利用 工具，根据侧图形的变形形态绘制出如图 9-108 所示的深灰色（K:60）无外轮廓的四边形图形，然后利用 工具为其添加如图 9-109 所示的交互式透明效果。

图9-108 绘制的图形

图9-109 添加交互式透明后的图形效果

12. 设置【交互式透明】工具属性栏中的各选项及参数，如图 9-110 所示。

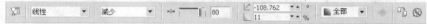

图9-110 【交互式透明】工具的属性栏

13. 依次选择变形后的正面和侧面图形，分别将其外轮廓去除，效果如图 9-111 所示。

14. 将包装盒顶面图形移动复制，并将复制出的图形移动至如图 9-112 所示的位置，然后利用【效果】/【添加透视】命令对其进行透视变形，效果如图 9-113 所示。

图9-111 设置透明属性后的图形效果

图9-112 图形放置的位置

15. 按空格键，将当前工具切换为 工具，然后单击属性栏中的 按钮，将透视调整后的顶面图形的群组取消。

16. 在取消群组的矩形上单击鼠标右键，在弹出的快捷菜单中选择【编辑内容】命令，进入内容编辑模式，然后将橙子图形稍微缩小调整，效果如图 9-114 所示。

图9-113 透视变形后的图形形态

图9-114 图形放置的位置

17. 单击绘图窗口左下角的 完成编辑对象 按钮，完成内容的编辑。

18. 用与步骤 14 相同的方法，将包装盒顶面的白色图形移动复制，然后进行透视调整，效果如图 9-115 所示。

图9-115　透视调整后的图形效果

19. 利用工具在包装盒的侧面和顶面之间绘制一个无外轮廓的三角形图形，然后利用 工具为其填充从灰色（K:20）到白色的线性渐变色，效果如图 9-116 所示。

图9-116　填充渐变色后的图形效果

20. 执行【排列】/【顺序】/【置于此对象前】命令，然后将鼠标光标移动到黑色矩形上单击，将三角形图形调整至所有立体图形的后面。

21. 用与步骤 19～20 相同的方法，依次绘制出如图 9-117 所示的结构图形。注意图形堆叠顺序的调整。

图9-117　绘制出的结构图形

至此，包装盒的立体效果图设计完成，整体效果如图 9-118 所示。

图9-118　设计完成的包装盒立体效果

22. 按 Ctrl+S 键，将此文件命名为"饮料包装.cdr"保存。

9.6　拓展案例

通过本章的学习，读者自己动手设计出下面的牛初乳口嚼片包装平面图及立体效果。

9.6.1　设计包装平面图

灵活运用各种工具及本章中讲解的【图框精确剪裁】命令来设计牛初乳口嚼片包装盒的平面展开图，最终效果如图 9-119 所示。

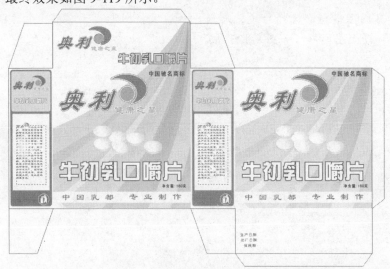

图9-119　设计完成的包装盒平面展开图

【步骤解析】

1. 在设计包装盒的平面展开图之前，首先要根据平面展开图的形态设置页面大小并添加如图 9-120 所示的辅助线，然后根据添加的辅助线依次绘制出如图 9-121 所示的主体图形和封边图形。

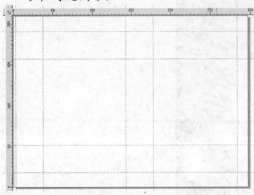

图9-120　添加的辅助线　　　　　　　　　　　图9-121　绘制的图形

要点提示 因为绘制的平面图要制作立体效果，因此在绘制各主体图形时要利用 ▢ 工具分别绘制，这样在制作立体效果时即可轻松选择各个面。

2. 底图图案的制作分析图如图 9-122 所示。

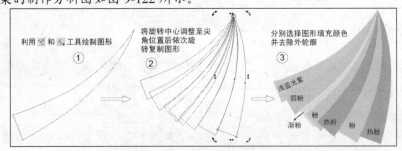

图9-122　底图图案的制作分析图

3. 将绘制的底图图案全部选择后进行群组，然后用将图形置于容器中的方法，将其分别置于正面和顶面图形中，如图 9-123 所示。

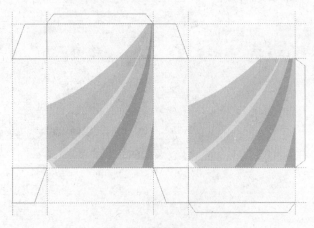

图9-123　置于矩形中的效果

4. 利用 [image] 工具分别为置于矩形中的图案添加交互式透明效果。

5. 口嚼片图形的制作过程示意图如图 9-124 所示。

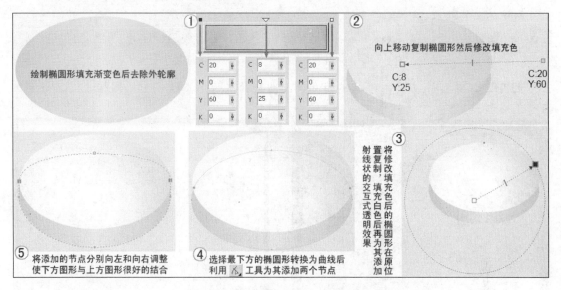

图9-124　口嚼片图形的制作过程示意图

6. 依次设计标志图形并添加相关的文字说明，即可完成包装盒的平面展开图。

9.6.2　设计包装立体效果图

灵活运用【添加透视】命令及第 9.5.2 节制作立体包装相同的方法，制作出如图 9-125 所示的包装立体效果。

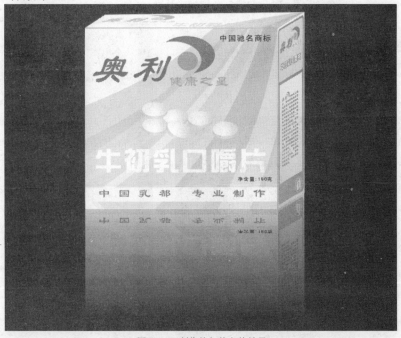

图9-125　制作的包装立体效果

【步骤解析】

1. 灵活运用【添加透视】命令及第 9.5.2 节制作立体包装相同的方法，制作出如图 9-126 所示的立体效果。

> **要点提示** 在对"侧面"图形进行透视变形之前，要先按 Ctrl+Q 键将其转换为曲线，否则段落文本中的内容会发生变化。另外，要注意"顶面"图形中底图的变形调整。

2. 利用 工具和 工具，根据顶面和侧面图形的透视形态绘制出如图 9-127 所示的灰色图形。

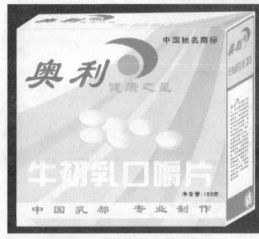

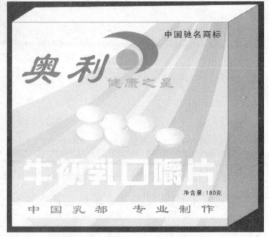

图9-126　制作的包装立体效果　　　　　　　　图9-127　绘制的灰色图形

3. 利用 工具分别为灰色图形添加如图 9-128 所示的交互式透明效果，制作出各个面的明暗对比效果。

4. 将"正面"图形镜像复制，然后调整至如图 9-129 所示的形态。

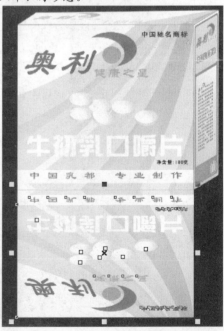

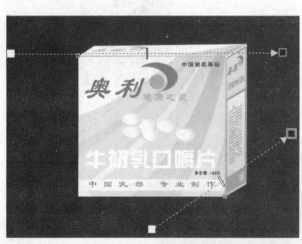

图9-128　添加的交互式透明效果　　　　　　　图9-129　镜像复制的图形调整的形态

5. 执行【位图】/【转换为位图】命令，在弹出的【转换为位图】对话框中设置如图 9-130 所示的选项。

6. 单击 **确定** 按钮，将矢量图转换为位图，然后利用 工具为其添加如图 9-131 所示的交互式透明效果，制作包装盒的倒影效果。

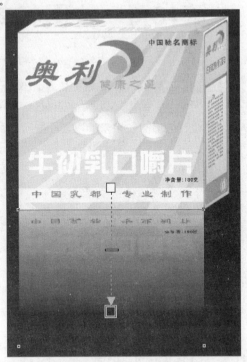

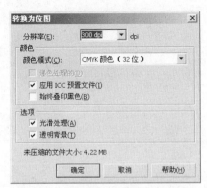

图9-130　【转换为位图】对话框

图9-131　制作的倒影效果

7. 将"侧面"图形全部选择并群组，垂直镜像复制后将其变形调整，然后用与步骤 5～6 相同的方法制作出倒影效果，即可完成包装盒立体效果的制作。

9.7　小结

本章主要讲解了各种常用的菜单命令，包括撤销、复制与删除操作、变换操作、【透镜】命令、【图框精确剪裁】命令和【添加透视】命令，后两种命令读者要重点学习并熟练掌握，因为它们在实际工作过程中的作用很大，使用频率也非常高。另外，通过本章中案例的学习，希望读者能掌握包装的设计方法。

第10章　位图特效——绘制产品造型

【位图】菜单是 CorelDRAW 中图像效果处理中非常精彩的一部分内容，利用其中的命令制作出的图像艺术效果可以与 Photoshop 中的【滤镜】命令相媲美。本章来讲解【位图】菜单命令，并通过给出的效果来加以说明每一个命令的作用和功能。需要注意的是，【位图】菜单下面的大多数命令只能应用于位图，要想应用于矢量图形，只有先将矢量图形转换成位图。

【学习目标】
- 了解各种图像颜色调整命令。
- 了解图像颜色的变换与校正。
- 掌握位图与矢量图的相互转换。
- 熟悉各种位图效果的功能与运用。
- 掌握产品造型的绘制方法。
- 掌握金属质感的表现方法。
- 熟悉利用 ⊞ 工具制作立体图形的方法。

10.1　图像颜色调整

利用【效果】/【调整】菜单下的相应命令可以对图形或图像调整颜色。

10.1.1　颜色调整命令

本节讲解【效果】菜单栏中的【调整】命令。注意，当选择矢量图形时，【调整】命令的子菜单中只有【亮度/对比度/强度】、【颜色平衡】、【伽玛值】和【色度/饱和度/亮度】命令可用。

一、　【高反差】命令

【高反差】命令可以将图像的颜色从最暗区到最亮区重新分布，以此来调整图像的阴影、中间色和高光区域的明度对比。图像原图和执行【效果】/【调整】/【高反差】命令后的效果，如图 10-1 所示。

图10-1　原图和执行【高反差】命令后的效果

二、　【局部平衡】命令

　　【局部平衡】命令可以提高图像边缘颜色的对比度，使图像产生高亮对比的线描效果。图像原图和执行【效果】/【调整】/【局部平衡】命令后的效果如图 10-2 所示。

图10-2　原图和执行【局部平衡】命令后的效果

三、　【取样/目标平衡】命令

　　【取样/目标平衡】命令可以用提取的颜色样本来重新调整图像中的颜色值。图像原图和执行【效果】/【调整】/【取样/目标平衡】命令后的效果如图 10-3 所示。

图10-3　原图和执行【取样/目标平衡】命令后的效果

四、　【调合曲线】命令

　　【调合曲线】命令可以改变图像中单个像素的值，以此来精确修改图像局部的颜色。图像原图和执行【效果】/【调整】/【调合曲线】命令后的效果如图 10-4 所示。

图10-4　原图和执行【调合曲线】命令后的效果

五、　【亮度/对比度/强度】命令

　　【亮度/对比度/强度】命令可以均等地调整选择图形或图像中的所有颜色。图像原图和执行【效果】/【调整】/【亮度/对比度/强度】命令后的效果如图 10-5 所示。

图10-5　原图和执行【亮度/对比度/强度】命令后的效果

六、　【颜色平衡】命令

　　【颜色平衡】命令可以改变多个图形或图像的总体平衡。当图形或图像上有太多的颜色时，使用此命令可以校正图形或图像的色彩浓度以及色彩平衡，是从整体上快速改变颜色的一种方法。图像原图和执行【效果】/【调整】/【颜色平衡】命令后的效果如图 10-6 所示。

图10-6　原图和执行【颜色平衡】命令后的效果

七、　【伽玛值】命令

　　【伽玛值】命令可以在对图形或图像阴影、高光等区域影响不太明显的情况下，改变对比度较低的图像细节。图像原图与执行【效果】/【调整】/【伽玛值】命令后的效果如图 10-7 所示。

图10-7　原图和执行【伽玛值】命令后的效果

八、　【色度/饱和度/亮度】命令

　　【色度/饱和度/亮度】命令，可以通过改变所选图形或图像的色度、饱和度和亮度值，来改变图形或图像的色调、饱和度和亮度。图像原图和执行【效果】/【调整】/【色度/饱和度/亮度】命令后的效果如图 10-8 所示。

图10-8　原图和执行【色度/饱和度/亮度】命令后的效果

九、【所选颜色】命令

选择【所选颜色】命令，可以在色谱范围内按照选定的颜色来调整组成图像颜色的百分比，从而改变图像的颜色。图像原图和执行【效果】/【调整】/【所选颜色】命令后的效果如图 10-9 所示。

图10-9　原图和执行【所选颜色】命令后的效果

十、【替换颜色】命令

【替换颜色】命令可以将一种新的颜色替换图像中所选的颜色，对于选择的新颜色还可以通过【色度】、【饱和度】和【亮度】选项进行进一步的设置。图像原图和执行【效果】/【调整】/【替换颜色】命令后的效果如图 10-10 所示。

图10-10　原图和执行【替换颜色】命令后的效果

十一、【取消饱和】命令

【取消饱和】命令可以自动去除图像的颜色，转成灰度效果。图像原图和执行【效果】/【调整】/【取消饱和】命令后的效果如图 10-11 所示。

图10-11　原图和执行【取消饱和】命令后的效果

十二、【通道混合器】命令

【通道混合器】命令可以通过改变不同颜色通道的数值来改变图像的色调。图像原图和执行【效果】/【调整】/【通道混合器】命令后的效果如图 10-12 所示。

图10-12　原图和执行【通道混合器】命令后的效果

10.1.2　图像颜色的变换与校正

本节讲解【效果】菜单栏中的【变换】和【校正】命令。在【变换】命令的子菜单中包括【去交错】、【反显】和【极色化】命令，【校正】命令的子菜单中包括【尘埃与刮痕】命令。

一、【去交错】命令

利用【去交错】命令可以把利用扫描仪在扫描图像过程中产生的网点消除，从而使图像更加清晰。

二、【反显】命令

利用【反显】命令可以把图像的颜色转换为与其相对的颜色，从而生成图像的负片效果。图像原图和执行【效果】/【变换】/【反显】命令后的效果如图 10-13 所示。

图10-13　原图和执行【反显】命令后的效果

三、 【极色化】命令

利用【极色化】命令可以把图像颜色简单化处理，得到色块化效果。图像原图和执行【效果】/【变换】/【极色化】命令后的效果如图 10-14 所示。

图10-14　原图和执行【极色化】命令后的效果

四、 【尘埃与刮痕】命令

利用【尘埃与刮痕】命令可以通过更改图像中相异像素的差异来减少杂色。

10.2　位图效果应用

本节来讲解各种位图效果命令，灵活运用这些命令，可以使用户的创作如虎添翼。

10.2.1　矢量图与位图相互转换

在 CorelDRAW 中可以将矢量图形与位图图像互相转换。通过把含有图样填充背景的矢量图转化为位图，图像的复杂程度就会显著降低，且可以运用各种位图效果；通过将位图图像转化为矢量图，就可以对其进行所有矢量性质的形状调整和颜色填充。

一、 转换位图

选择需要转换为位图的矢量图形，然后执行【位图】/【转换为位图】命令，弹出的【转换为位图】对话框如图 10-15 所示。

图10-15　【转换为位图】对话框

- 【分辨率】: 设置矢量图转换为位图后的清晰程度。在此下拉列表中选择转换成位图的分辨率，也可直接输入。

- 【颜色模式】：设置矢量图转换成位图后的颜色模式。
- 【应用 ICC 预置文件】：ICC 预置文件是国际色彩联盟编写的国际通用色彩解析文件，此文件对各大扫描仪、打印机的色彩进行了综合解析。勾选此复选项，图片输出后的色彩将把颜色误差降到最低。
- 【始终叠印黑色】：勾选此复选项，矢量图中的黑色转换成位图后，黑色就被设置了叠印。当印刷输出后，图像或文字的边缘就不会因为套版不准而出现露白或显露其他颜色的现象发生。
- 【光滑处理】：可以去除图像边缘的锯齿，使图像边缘变得平滑。
- 【透明背景】：勾选此复选项，可以使转换为位图后的图像背景透明。

在【转换为位图】对话框中设置选项后，单击 确定 按钮，即可将矢量图转换为位图。当将矢量图转换成位图后，使用【位图】菜单中的命令，可以为其添加各种类型的艺术效果，但不能够再对其形状进行编辑调整，针对矢量图使用的各种填充功能也不可再用。

二、 描摹位图

选择要矢量化的位图图像后，执行【位图】/【轮廓描摹】/【线条图】命令，将弹出如图 10-16 所示的【Power TRACE】对话框。

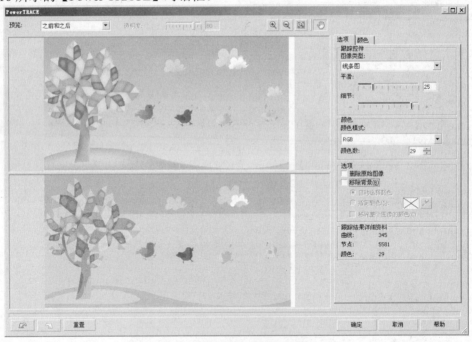

图10-16 【Power TRACE】对话框

在【Power TRACE】对话框中，左边是效果预览区，右边是选项及参数设置区。

- 【图像类型】：用于设置图像的描摹方式。
- 【平滑】：设置生成图形的平滑程度。数值越大，图形边缘越光滑。
- 【细节】：设置保留原图像细节的程度。数值越大，图形失真越小，质量越高。
- 【颜色模式】：设置生成图形的颜色模式，包括"CMYK"、"RGB"、"灰度"和"黑白"等模式。
- 【颜色数】：设置生成图形的颜色数量，数值越大，图形越细腻。

- 【删除原始图像】：勾选此复选项，系统会将原始图像矢量化；反之会将原始图像复制然后进行矢量化。
- 【移除背景】：用于设置移除背景颜色的方式和设置移除的背景颜色。
- 【跟踪结果详细资料】：显示描绘成矢量图形后的细节报告。
- 【颜色】选项卡：其下显示矢量化后图形的所有颜色及颜色值。

将位图矢量化后，图像即具有矢量图的所有特性，可以对其形状进行调整，或填充渐变色、图案及添加透视点等。

10.2.2　位图效果

利用【位图】命令可对位图图像进行特效艺术化处理。CorelDRAW X4 的【位图】菜单中共有 70 多种（分为 10 类）位图命令，每个命令都可以使图像产生不同的艺术效果，下面以列表的形式来介绍每一个命令的功能。

一、　【三维效果】命令

【三维效果】命令可以使选择的位图产生不同类型的立体效果。其下包括 7 个菜单命令，每一种滤镜所产生的效果如图 10-17 所示。

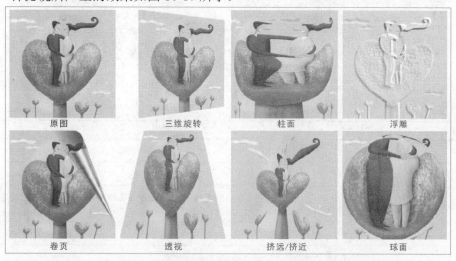

图10-17　执行【三维效果】命令产生的各种效果

【三维效果】菜单中的每一种滤镜的功能如下。

滤镜名称	功　能
【三维旋转】	可以使图像产生一种景深效果
【柱面】	可以使图像产生一种好像环绕在圆柱体上的突出效果，或贴附在一个凹陷曲面中的凹陷效果
【浮雕】	可以使图像产生一种浮雕效果。通过控制光源的方向和浮雕的深度还可以控制图像的光照区和阴影区
【卷页】	可以使图像产生有一角卷起的卷页效果
【透视】	可以使图像产生三维的透视效果
【挤远/挤近】	可以以图像的中心为起点弯曲整个图像，而不改变位图的整体大小和边缘形状
【球面】	可以使图像产生一种环绕球体的效果

二、【艺术笔触】命令

【艺术笔触】命令是一种模仿传统绘画效果的特效滤镜，可以使图像产生类似于画笔绘制的艺术特效。其下包括 14 个菜单命令，每一种滤镜所产生的效果如图 10-18 所示。

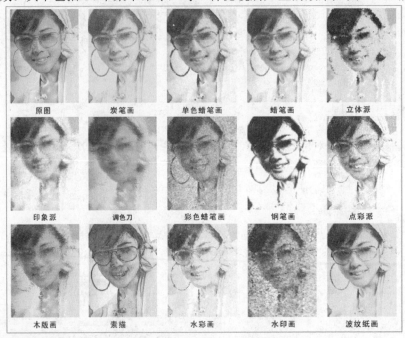

图10-18　执行【艺术笔触】命令产生的各种效果

【艺术笔触】菜单中的每一种滤镜的功能如下。

滤镜名称	功 能
【炭笔画】	使用此命令就好像是用炭笔在画板上画图一样，它可以将图像转化为黑白颜色
【单色蜡笔画】	可以使图像产生一种柔和的发散效果，软化位图的细节，产生一种雾蒙蒙的感觉
【蜡笔画】	可以使图像产生一种熔化效果。通过调整画笔的大小和图像轮廓线的粗细来反映蜡笔效果的强烈程度，轮廓线设置得越大，效果表现越强烈，在细节不多的位图上效果最明显
【立体派】	可以分裂图像，使其产生网印和压印的效果
【印象派】	可以使图像产生一种类似于绘画中的印象派画法绘制的彩画效果
【调色刀】	可以为图像添加类似于使用油画调色刀绘制的画面效果
【彩色蜡笔画】	可以使图像产生类似于粉性蜡笔绘制出的斑点艺术效果
【钢笔画】	可以产生类似使用墨水绘制的图像效果，此命令比较适合图像内部与边缘对比比较强烈的图像
【点彩派】	可以使图像产生看起来好像由大量的色点组成的效果
【木版画】	可以在图像的彩色或黑白色之间生成一个明显的对照点，使图像产生刮涂绘画的效果
【素描】	可以使图像生成一种类似于素描的效果
【水彩画】	此命令类似于【彩色蜡笔画】命令，可以为图像添加发散效果
【水印画】	可以使图像产生斑点效果，使图像中的微小细节隐藏
【波纹纸画】	可以为图像添加细微的颗粒效果

三、【模糊】命令

【模糊】命令示通过不同的方式柔化图像中的像素，使图像得到平滑的模糊效果。其下包括 9 个菜单命令，图 10-19 所示为部分模糊命令制作的模糊效果。

| 原图 | 高斯式模糊 | 低通滤波器 | 动态模糊 | 放射式模糊 |

图10-19 执行【模糊】命令产生的各种效果

【模糊】菜单中的每一种滤镜的功能如下。

滤镜名称	功　能
【定向平滑】	可以为图像添加少量的模糊，使图像产生非常细微的变化，主要适合于平滑人物皮肤和校正图像中细微粗糙的部位
【高斯式模糊】	此命令是经常使用的一种命令，主要通过高斯分布来操作位图的像素信息，从而为图像添加模糊变形的效果
【锯齿状模糊】	可以为图像添加模糊效果，从而减少经过调整或重新取样后生成的参差不齐的边缘，还可以最大限度地减少扫描图像时的蒙尘和刮痕
【低通滤波器】	可以抵消由于调整图像的大小而产生的细微狭缝，从而使图像柔化
【动态模糊】	可以使图像产生动态速度的幻觉效果，还可以使图像产生风雷般的动感
【放射式模糊】	可以使图像产生向四周发散的放射效果，离放射中心越远放射模糊效果越明显
【平滑】	可以使图像中每个像素之间的色调变得平滑，从而产生一种柔软的效果
【柔和】	此命令对图像的作用很微小，几乎看不出变化，但是使用【柔和】命令可以在不改变原图像的情况下再给图像添加轻微的模糊效果
【缩放】	此命令与【放射式模糊】命令有些相似，都是从图形的中心开始向外扩散放射。但使用【缩放】命令可以给图像添加逐渐增强的模糊效果，并且可以突出图像中的某个部分

四、【相机】命令

【相机】命令下只有【扩散】一个子命令，主要是通过扩散图像的像素来填充空白区域消除杂点，类似于给图像添加模糊的效果，但效果不太明显。

五、【颜色转换】命令

【颜色转换】命令类似于位图的色彩转换器，可以给图像转换不同的色彩效果。其下包括 4 个菜单命令，每一种滤镜所产生的效果如图 10-20 所示。

| 原图 | 位平面 | 半色调 | 梦幻色调 | 曝光 |

图10-20 执行【颜色转换】命令产生的各种效果

【颜色变换】菜单中的每一种滤镜的功能如下。

滤镜名称	功　　能
【位平面】	可以将图像中的色彩变为基本的 RGB 色彩，并使用纯色将图像显示出来
【半色调】	可以使图像变得粗糙，生成半色调网屏效果
【梦幻色调】	可以将图像中的色彩转换为明亮的色彩
【曝光】	可以将图像的色彩转化为近似于照片底色的色彩

六、【轮廓图】命令

【轮廓图】命令是在图像中按照图像的亮区或暗区边缘来探测、寻找勾画轮廓线。其下包括 3 个菜单命令，每一种滤镜所产生的效果如图 10-21 所示。

图10-21　执行【轮廓图】命令产生的各种效果

【轮廓图】菜单中的每一种滤镜的功能如下。

滤镜名称	功　　能
【边缘检测】	可以对图像的边缘进行检测显示
【查找边缘】	可以使图像中的边缘彻底地显现出来
【描摹轮廓】	可以对图像的轮廓进行描绘

七、【创造性】命令

【创造性】命令可以给位图图像添加各种各样的创造性底纹艺术效果。其下包括 14 个菜单命令，每一种滤镜所产生的效果如图 10-22 所示。

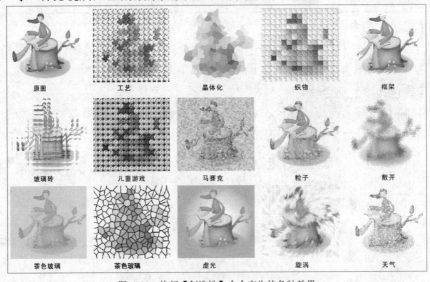

图10-22　执行【创造性】命令产生的各种效果

【创造性】菜单中的每一种滤镜的功能如下。

滤镜名称	功　能
【工艺】	可以为图像添加多种样式的纹理效果
【晶体化】	可以将图像分裂为许多不规则的碎片
【织物】	此命令与【工艺】命令有些相似，它可以为图像添加编织特效
【框架】	可以为图像添加艺术性的边框
【玻璃砖】	可以使图像产生一种玻璃纹理效果
【儿童游戏】	可以使图像产生很多意想不到的艺术效果
【马赛克】	可以将图像分割成类似于陶瓷碎片的效果
【粒子】	可以为图像添加星状或泡沫效果
【散开】	可以使图像在水平和垂直方向上扩散像素，使图像产生一种变形的特殊效果
【茶色玻璃】	可以使图像产生一种透过雾玻璃或有色玻璃看图像的效果
【彩色玻璃】	可以使图像产生彩色玻璃效果，类似于用彩色的碎玻璃拼贴在一起的艺术效果
【虚光】	可以使图像产生一种边框效果，还可以改变边框的形状、颜色、大小等内容
【旋涡】	可以使图像产生旋涡效果
【天气】	可以给图像添加如下雪、下雨或雾等天气效果

八、【扭曲】命令

【扭曲】命令可以对图像进行扭曲变形，从而改变图像的外观，但在改变的同时不会增加图像的深度。其下包括 10 个菜单命令，每一种滤镜所产生的效果如图 10-23 所示。

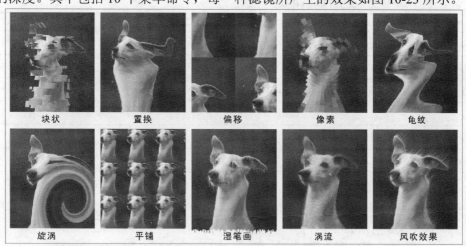

图10-23　执行【扭曲】命令产生的各种效果

【扭曲】菜单中的每一种滤镜的功能如下。

滤镜名称	功　能
【块状】	可以将图像分为多个区域，并且可以调节各区域的大小以及偏移量
【置换】	可以将预设的图样均匀置换到图像上
【偏移】	可以按照设置的数值偏移整个图像，并按照指定的方法填充偏移后留下的空白区域

续　表

滤镜名称	功　能
【像素】	可以按照像素模式使图像像素化，并产生一种放大的位图效果
【龟纹】	可以使图像产生扭曲的波浪变形效果，还可以对波浪的大小、幅度、频率等进行调节
【旋涡】	可以使图像按照设置的方向和角度产生变形，生成按顺时针或逆时针旋转的旋涡效果
【平铺】	可以将原图像作为单个元素，在整个图像范围内按照设置的个数进行平铺排列
【湿笔画】	可以使图像生成一种尚未干透的水彩画效果
【涡流】	此命令类似于【旋涡】命令，可以为图像添加流动的旋涡图案
【风吹效果】	可以使图像产生起风的效果，还可以调节风的大小以及风的方向

九、【杂点】命令

【杂点】命令不仅可以给图像添加杂点效果，而且还可以校正图像在扫描或过渡混合时所产生的缝隙。其下包括 6 个菜单命令，部分滤镜所产生的效果如图 10-24 所示。

原图　　　　　添加杂点　　　　　最大值　　　　　中值　　　　　最小

图10-24　执行【杂色】命令产生的各种效果

【杂点】菜单中的每一种滤镜的功能如下。

滤镜名称	功　能
【添加杂点】	可以将不同类型和颜色的杂点以随机的方式添加到图像中，使其产生粗糙的效果
【最大值】	可以根据图像中相临像素的最大色彩值来去除杂点，多次使用此命令会使图像产生一种模糊效果
【中值】	通过平均图像中的像素色彩来去除杂点
【最小】	通过使图像中的像素变暗来去除杂点，此命令主要用于亮度较大和过度曝光的图像
【去除龟纹】	可以将图像扫描过程中产生的网纹去除
【去除杂点】	可以降低图像扫描时产生的网纹和斑纹强度

十、【鲜明化】命令

【鲜明化】命令可以使图像的边缘变得更清晰。其下包括 5 个菜单命令，部分滤镜所产生的效果如图 10-25 所示。

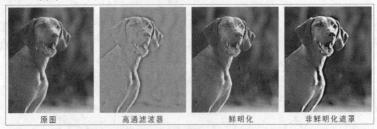

原图　　　　　高通滤波器　　　　　鲜明化　　　　　非鲜明化遮罩

图10-25　执行【鲜明化】命令产生的各种效果

【鲜明化】菜单中的每一种滤镜的功能如下。

滤镜名称	功　能
【适应非鲜明化】	可以通过分析图像中相临像素的值来加强位图中的细节，但图像的变化极小
【定向柔化】	可以根据图像边缘像素的发光度来使图像变得更清晰
【高通滤波器】	通过改变图像的高光区和发光区的亮度及色彩度，从而去除图像中的某些细节
【鲜明化】	可以使图像中各像素的边缘对比度增强
【非鲜明化遮罩】	通过提高图像的清晰度来加强图像的边缘

10.3　绘制口红产品造型

下面灵活运用各种绘图工具，并结合【渐变填充对话框】工具和【交互式透明】工具及【位图】/【转换为位图】菜单命令来绘制口红。

【步骤解析】

1. 新建一个图形文件。
2. 利用□工具绘制出如图 10-26 所示的矩形，然后单击属性栏中的◇按钮，将其转换为具有曲线性质的图形。
3. 选择✎工具，在矩形的左上方位置按下鼠标左键向右下方拖曳，框选图形中的所有节点，状态如图 10-27 所示。
4. 单击属性栏中的◻◻按钮，在选择的每两个节点中间各添加一个节点，如图 10-28 所示。

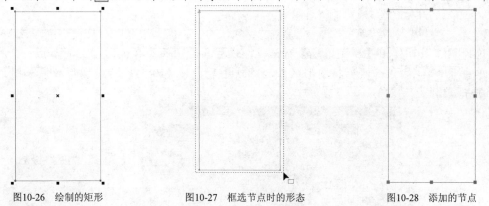

图10-26　绘制的矩形　　　图10-27　框选节点时的形态　　　图10-28　添加的节点

5. 将鼠标光标移动到矩形左上角的节点上单击将其选择，然后单击属性栏中的◻◻按钮，将选择的节点删除。
6. 用与步骤 5 相同的方法，将图形右上角的节点删除，删除节点后的图形形态如图 10-29 所示。
7. 利用✎工具在图形的左上方位置按下鼠标左键向右下方拖曳，将图形中的所有节点选择，然后单击属性栏中的☞按钮，将选择的节点转换为具有曲线的可编辑性质。
8. 将鼠标光标移动到图形左上角的线段上，按住鼠标左键并拖曳，来调整图形形状，状态如图 10-30 所示。
9. 用与步骤 8 相同的方法，对图形右上角的线段进行调整，状态如图 10-31 所示。

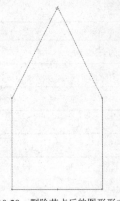

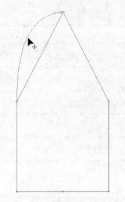

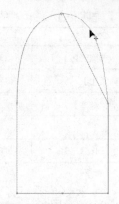

图10-29 删除节点后的图形形态	图10-30 调整图形时的状态	图10-31 调整图形时的状态

10. 利用 工具将如图 10-32 所示的节点选择，然后单击属性栏中的 按钮，将选择的节点转换为平滑节点，转换后的图形形态如图 10-33 所示。

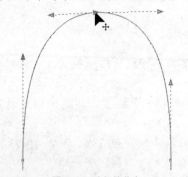

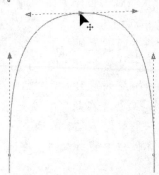

图10-32 选择的节点　　　　　　　　图10-33 转换为平滑节点后的形态

11. 选择 工具，弹出【渐变填充】对话框，设置各选项及参数如图 10-34 所示。

12. 单击 确定 按钮，然后将图形的外轮廓线去除，填充渐变色后的图形效果如图 10-35 所示。

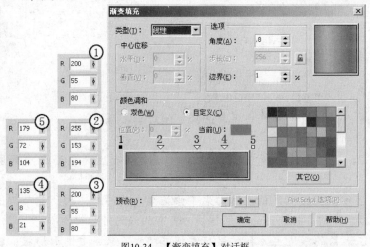

图10-34 【渐变填充】对话框

图10-35 填充渐变色后的图形效果

13. 利用 工具和 工具绘制出如图 10-36 所示的不规则图形，然后选择 工具，弹出【渐变填充】对话框，设置各选项及参数，如图 10-37 所示。

图10-36　绘制调整出的不规则图形

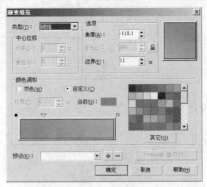

图10-37　【渐变填充】对话框

14. 单击 确定 按钮，填充渐变色后的图形效果如图 10-38 所示。

15. 按键盘数字区中的┼键，将不规则图形在原位置复制一个，然后将复制出的图形填充色修改为白色，效果如图 10-39 所示。

16. 选择 工具，将鼠标光标移动到白色图形的左下角位置，按住鼠标左键并向右上方拖曳，为其添加如图 10-40 所示的交互式透明效果。

图10-38　填充渐变色后的图形效果

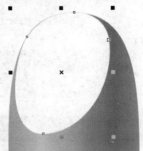

图10-39　复制出的图形

图10-40　添加的交互式透明效果

要点提示　在下面的操作过程中，如果给出的图形是无轮廓的图形，希望读者能够自己把轮廓线去除，届时将不再提示。

17. 利用 工具和 工具绘制出如图 10-41 所示的不规则图形，作为口红的底座，然后选择 工具，弹出【渐变填充】对话框，设置各选项及参数，如图 10-42 所示。

图10-41　绘制调整出的不规则图形

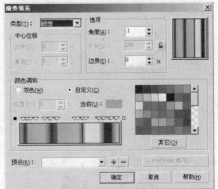

图10-42　【渐变填充】对话框

18. 单击 确定 按钮，填充渐变色后的图形效果如图 10-43 所示。

19. 利用▢工具和▨工具，在底座图形上依次绘制矩形并填充渐变色，制作出底座的纹理效果，如图 10-44 所示。

图10-43　填充渐变色后的图形效果

图10-44　制作出的纹理效果

> **要点提示** 由于本书篇幅有限，为了节省篇幅有些图例没给填充色或渐变色的具体参数，读者在绘制时可参照作品中的相关参数进行设置。

20. 利用◰工具和◰工具在底座图形的上方位置绘制一个椭圆形，然后利用▨工具为其填充渐变色，效果如图 10-45 所示。

图10-45　填充渐变色后的图形效果

21. 执行【排列】/【顺序】/【置于此对象前】命令，然后将鼠标光标移动到"口红"图形上单击，将绘制的椭圆形调整至底座图形的下方。

22. 将"底座"图形选择，再按键盘数字区中的⊞键，将其在原位置复制一个，然后利用◰工具将其调整至如图 10-46 所示的形态。

23. 选择◯工具，在复制出底座图形的上方绘制一个椭圆形，然后利用▨工具为其填充渐变色，效果如图 10-47 所示。

图10-46　调整后的图形形态

图10-47　填充渐变色后的图形效果

24. 依次按 Ctrl+PageUp 键，将椭圆形调整至底座图形的下方，效果如图 10-48 所示。

25. 将椭圆形和下方底座图形同时选择，再按键盘数字区中的 + 键，将其在原位置复制一个，然后将复制出的图形调整至如图 10-49 所示的形态及位置。

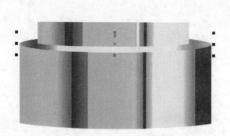
图10-48　调整图形顺序后的效果

图10-49　复制出的图形调整后的形态

26. 利用 工具和 工具在底座图形的下方绘制并调整出如图 10-50 所示的黑色图形。

图10-50　绘制并调整出的图形

27. 将黑色图形向上移动复制，然后利用 工具为复制出的图形填充渐变色，效果如图 10-51 所示。

图10-51　填充渐变色后的图形效果

28. 双击 工具，添加一个与当前页面相同大小的矩形，然后按 Shift+PageDwon 键，将其调整至所有图形的下方。

29. 选择 工具，按住 Ctrl 键，为矩形自下向上填充由黑到白的线性渐变色，效果如图 10-52 所示。

30. 将绘制的口红图形全部选择，再单击属性栏中的 按钮将其群组，然后将其在垂直方向上向下镜像复制，如图 10-53 所示。

图10-52　填充渐变色后的图形效果

图10-53　镜像复制出的图形

31. 执行【位图】/【转换为位图】命令，弹出【转换为位图】对话框，设置选项及参数，如图 10-54 所示，然后单击 [确定] 按钮，将复制出的图形转换为位图图像。

32. 执行【位图】/【模糊】/【高斯式模糊】命令，弹出【高斯式模糊】对话框，设置的参数如图 10-55 所示。

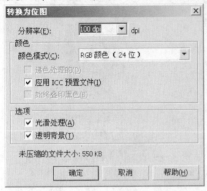

图10-54 【转换为位图】对话框　　　　　　　　图10-55 【高斯式模糊】对话框

33. 单击 [确定] 按钮，执行【高斯式模糊】命令后的图像效果如图 10-56 所示。

34. 选择 工具，将位图图像下方的两个节点同时选择，其状态如图 10-57 所示。

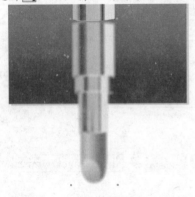

图10-56 执行【高斯式模糊】命令后的图像效果　　　　　　图10-57 框选节点时的状态

35. 按住 Ctrl 键，在选择的节点上按住鼠标左键并向上拖曳，将其调整至如图 10-58 所示的位置。

36. 利用 工具为位图图像由上至下添加交互式透明效果，如图 10-59 所示。

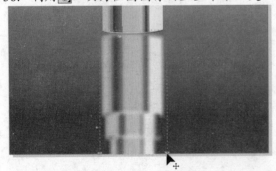

图10-58 调整后的节点位置　　　　　　　　图10-59 添加的交互式透明效果

至此，口红产品造型绘制完成，其整体效果如图 10-60 所示。

图10-60　绘制完成的口红造型

37. 按 Ctrl+S 键，将此文件命名为"口红.cdr"保存。

10.4　拓展案例——绘制手机产品造型

通过本章的学习，读者自己动手设计出如图 10-61 所示的手机产品造型。

图10-61　绘制完成的手机效果

【步骤解析】

1. 新建文件后，利用 ▢ 工具和 ▸ 工具绘制出如图 10-62 所示的圆角矩形，然后为其填充灰色（K:20），并去除外轮廓。

2. 选择 ⊞ 工具，然后将属性栏中 ⊞ 的参数分别设置为"8"和"10"，分别调整各行、各列的控制点位置，如图 10-63 所示。

图10-62　绘制的圆角矩形

图10-63　各网状控制点调整后的位置

3. 利用 🔍 工具将上方区域放大显示，然后利用 ▸ 工具选择如图 10-64 所示的控制点，并将其颜色修改为"60%"黑。

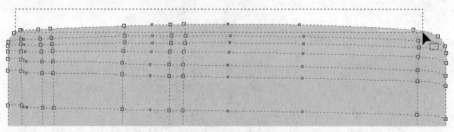

图10-64　选择的控制点

4. 继续利用 ▸ 工具选择如图 10-65 所示的控制点，然后将其填充色修改为白色，效果如图 10-66 所示。

图10-65　选择的控制点

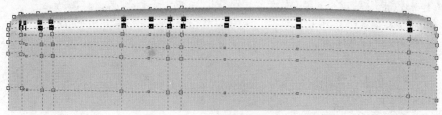

图10-66 调整颜色后的效果

5. 依次利用 工具选择相应的控制点，并分别修改不同的灰色，最终效果如图 10-67 所示。

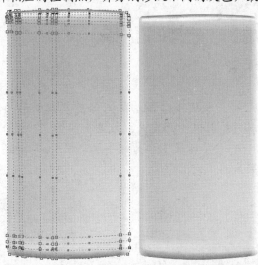

图10-67 编辑网状填充后的效果

6. 将圆角矩形在原位置复制，然后选择 工具，并单击属性栏中的 按钮，将网状填充效果取消，再利用 工具为其添加如图 10-68 所示的线性渐变色。

7. 选择 工具，并将属性栏中的 标准 设置为 "标准"; ⊢ 80 的参数设置为 "80"，效果如图 10-69 所示。

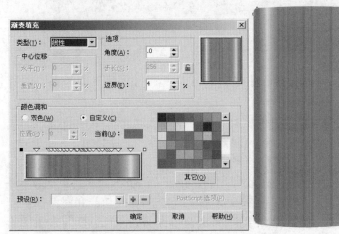

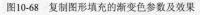

图10-68 复制图形填充的渐变色参数及效果

图10-69 设置透明后的效果

手机板绘制完成后，下面来绘制屏幕。

8. 利用 工具绘制出如图 10-70 所示的圆角矩形，为其填充灰色（K:20），并去除外轮廓。

9. 将圆角矩形以中心缩小复制，然后为其填充如图 10-71 所示的线性渐变色。

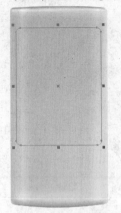

图10-70　绘制的圆角矩形

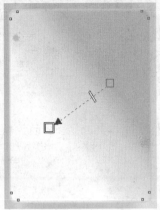

图10-71　填充的渐变色

10. 再次将圆角矩形以中心等比例缩小复制，然后修改复制图形的填充色及轮廓色，再在其左上角位置绘制白色的椭圆形作为高光，效果如图 10-72 所示。

11. 导入附盘中"图库\第 10 章"目录下名为"手机屏保.jpg"的图片，然后将其置于最上方的圆角矩形中，效果如图 10-73 所示。

图10-72　制作的屏幕效果

图10-73　导入的图像

12. 灵活运用各种绘图工具及【渐变填充对话框】工具和【交互式网状填充】工具，制作出手机造型上的其他结构图形，完成手机的绘制。

10.5　小结

本章主要学习了有关位图的菜单命令，在讲解过程中，对每一个命令都进行了介绍，并给出了使用此命令制作的图像效果对比，使读者清楚地了解每一个命令的功能和对图像所产生的作用，这对读者进行图像效果处理有很大的帮助和参考价值。另外，通过学习本章中绘制手机产品造型的案例，也希望读者能够熟练掌握其绘制方法及金属质感的表现方法，并在实际工作中做到灵活运用，制作出更加真实的产品造型来。